はじめに

幼い頃、野山に虫を追いかけた体験は、今でも鮮やかに記憶に残っている。学校から帰るとカバンを放り出し、きまって炎天下の野原や雑木林に出かけていた。六月のある日、一人網を持って林道脇の刈り取られた麦の穂先に、あこがれの蝶「アサギマダラ」が羽をやすめていた時の光景は、今でも忘れ得ぬ体験である。夏休みともなれば、朝早く近所の仲間とクヌギ林にカブトムシやクワガタムシなどの甲虫類を求め、クヌギの木の幹を力いっぱい足で蹴り、バラバラと落ちてくる虫を夢中になって捕まえたものである。昆虫図鑑にのっていた美しいルリタテハやタマムシの本物を捕まえて興奮したことも覚えている。

追いかけたり調べたりする虫が蝶や甲虫類からカメムシに変わったのは中学生の頃である。私が生まれ育った埼玉県秩父地方では、カメムシは「ワックサ」と呼ばれ、不快な「くさい虫」として、農作物を加害する害虫として、「嫌われ者」の代表格の昆虫であった。「そんなカメムシをなぜ?」と思われるかもしれないが、昆虫採集の中でよく目にしていたことから、いつか調べてみたい虫だと考えていたように思う。当時はマイナーな虫であったカメムシに、少しでも光を当ててやりたいと子ども心に思っていたのかも知れない。それから飽くことなくカメムシを追いかけたり調べたりしてきて、かれこれ五〇年になる。

この間、「くさい虫」「嫌われ者」に象徴されるカメムシを取り巻く状況もしだいに変化し、害虫としてのカメムシの研究が大きく進む一方で、最近では昆虫そのものとしての調査・研究の対象にもなり、一般の人びとの関心も高まってきた。カメムシは昆虫の中でも変化に富み種類も多く、いまだに謎も多いグループで、興味のつきない昆虫である。くさいにおいも長くつきあっていると、心地よく感じることさえある。

この本では、五〇年にわたるカメムシとのつきあいの中で知り得た、じつに多彩なカメムシの素顔や暮らしぶりと上手なつきあい方を、できるだけ興味深くわかりやすく紹介することに心がけた。カメムシとの長いつきあいとは言え、知り得たことはごく一部にすぎないが、この本を手にした方々がカメムシのことを少しで身近に感じて興味をもち、実際に観察したり調べたりして、カメムシと上手につきあい、小さないのちや自然とともに生きていくための何がしかのヒントを得ていただければ幸いである。

今なぜカメムシ？

カメムシは、昔から悪臭を放つ「くさい虫」として知られ、農作物を加害するものも多く、衛生害虫や農業害虫としてとかく嫌われ者であるが、人間とのかかわりの深い昆虫である。その名前（亀虫）は、亀のような形に由来しているが、古くから「椿象」とも書かれる。この「椿」は中国では、香椿（チャンチン）と呼ばれるセンダン科の落葉高木を指し、その若芽には独特のにおいがあり、「象」は似ているという意味から、「チャンチンのようなにおいを放つ虫」ということで、この漢字が使われたようである。世界各地にも広く分布し、昆虫食としてカメムシを食べている地域も少なくない。

カメムシはそれほどまでに人間とのかかわりの深い昆虫であるが、その調査・研究はおもに農業害虫や衛生害虫となるカメムシを対象として、試験場や大学などの限られた機関・研究者によるものが中心であった。一般の人や昆虫愛好家の間では、昆虫といえば圧倒的に蝶や甲虫類などへの関心が高く、カメムシに関心を寄せる人は少なかった。

しかし時代とともに、未知の領域が残る昆虫への関心がしだいに高まり、カメムシに対する関心も高まっている。カメ

ムシは種類の豊かさ、変化にとんだ形態や生態のおもしろさ、謎の多い生活史など、興味のつきない昆虫である。色彩もじつに豊かで、決して蝶や甲虫類に優るとも劣らない。これまでに三巻刊行された「日本原色カメムシ図鑑」は、見ているだけでも刺激的で、これに影響を受けた人も少なくなかったはずである。
カメムシに関心を寄せ調査・研究する人が広がってきたことで、カメムシについての新しい事実もしだいに明らかになってきている。その調査・研究の対象も「害虫」だけにとどまらない。多様なカメムシの中には、肉食系で、環境にやさしい生物農薬として期待されているものもいる。近年では温暖化などによって海外から侵入してきた新参者のカメムシも急速に増加し、それらが生態系や私たちの生活に及ぼす影響も心配される。しかし、カメムシの生態や生活史などについては、まだまだ知られていないことも多く、その理解を深めることが「カメムシとの上手なつきあい」にもつながる。そうした意味でも、今まさにカメムシである。まずは、フィールドでのカメムシウオッチングからはじめてみよう。

目次

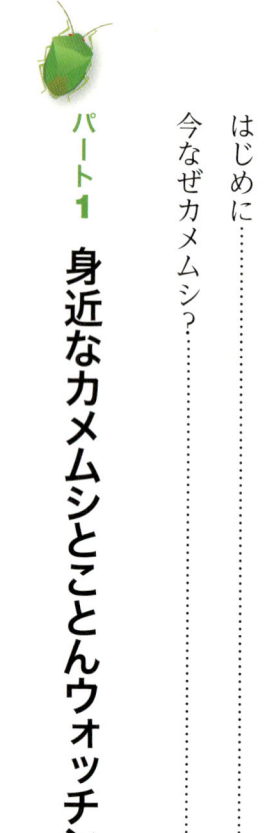

パート2 おどろきの素顔と暮らしぶり

コラム

●文中のカメムシの写真に記してある数値は、そのカメムシのおおよその体長を示しています。

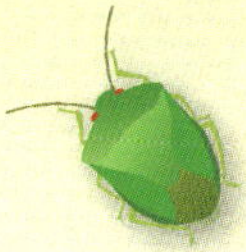

パート 1

身近なカメムシとことんウォッチング

セリ科植物（ウイキョウ）に生活する
アカスジカメムシ

カメムシはれっきとした昆虫である

2 マルカメムシ 5ミリ

1 チャバネアオカメムシ 10ミリ

カメムシといえば亀の形をした緑色したチャバネアオカメムシ❶、アオクサカメムシ、茶色のクサギカメムシ、小さなマルカメムシ❷などを連想する人が多いかも知れない。しかし、カメムシは形は丸形、卵形、細長いものなど多様で、大きさも二ミリ程の小さなものから三センチに達する大型種まで変化に富んでいる。また、キンカメムシ類を代表に緑、赤、黄、黒、茶色と色彩の変化や豊かさは、昆虫の中でも決して蝶や甲虫類にひけをとらない。

カメムシの名前も、そうした色や形の特徴を生かしてつけられている。茶色の翅（はね）をした青い（緑の）カメムシはチャバネアオカメムシ、背中が丸いことでマルカメムシ、体に赤いスジがあることからアカスジカメムシと言った具合

a カメムシの体のつくり①（ツノアオカメムシ）

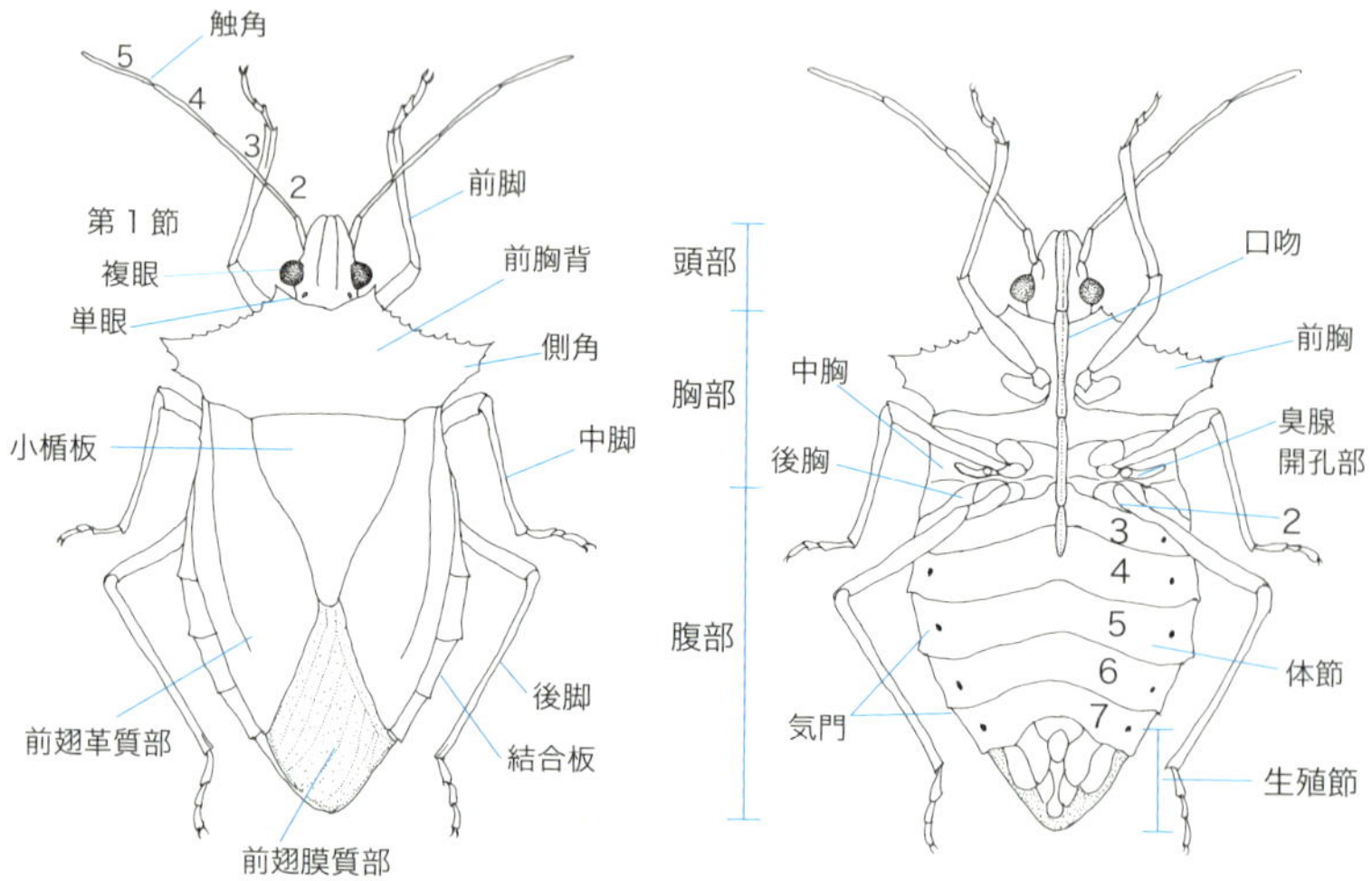

である。
嫌われ者のカメムシも、れっきとした昆虫である。体は頭と胸、そして腹の三つに分かれていて、頭には先端にある一対の触角と複眼をもっている。そして多くの種は単眼を備えている。口は、口吻と呼ばれ細長い管になっている。カメムシが昆虫の中でも形態の上でほかの昆虫と違うところは、細長い針状の口（吸収性口器と呼ばれる）をもっていることである。触角は、いくつかの節からなり、仲間分けをする手がかりとなっている。胸には、六本の脚があり、それぞれ前脚・中脚・後脚と呼ばれる。また、胸には前翅と後翅を一対ずつ四枚の翅を備えている。まぎれもなく昆虫である。a b
腹は、一〇枚に区切られた体節と呼ばれる節になっている。先端の三節が交尾の時に関わる体節（生殖節）へと変化している。また、各体節には腹の側面の両側に気門と呼ばれる呼吸のための孔も確認できる。
次に、翅の構造である。後翅は全体が薄い膜質となるが、前翅は均一でなく、付け根の半分が堅いキチン質となり、先端半分が薄い膜質になっていることである。これが半翅類と呼ばれる所以で、昆虫の分類上の重要な特徴である。ほとんどの種類が、この翅でよく飛ぶことができる。3 c
体の腹面を見ると、中脚の付け根付近に臭腺と呼ばれる小さな孔が左右に開いていて、カメムシ特有のにおいのもととなる液体が放たれる。これが空気と触れて気化し、においとして拡散するのである。

3 翅をひろげたカメムシ（オオトビサシガメ）

c カメムシの翅のつくり
（ザシガメ科）

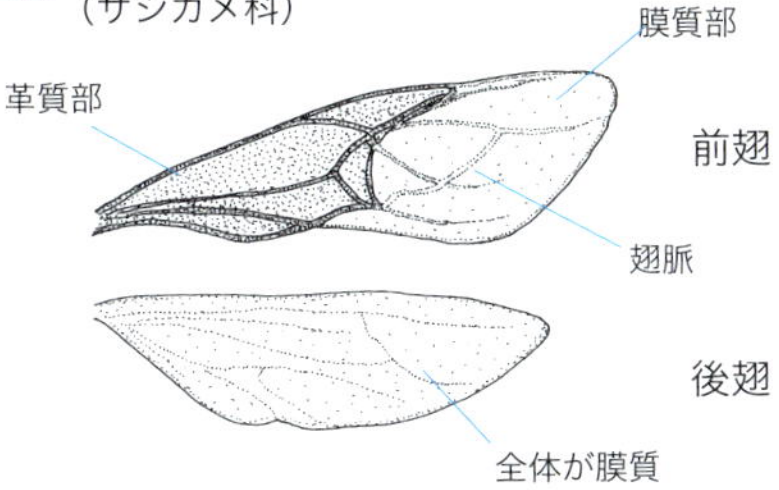

b カメムシの体のつくり②
（クロマルカスミカメムシ）

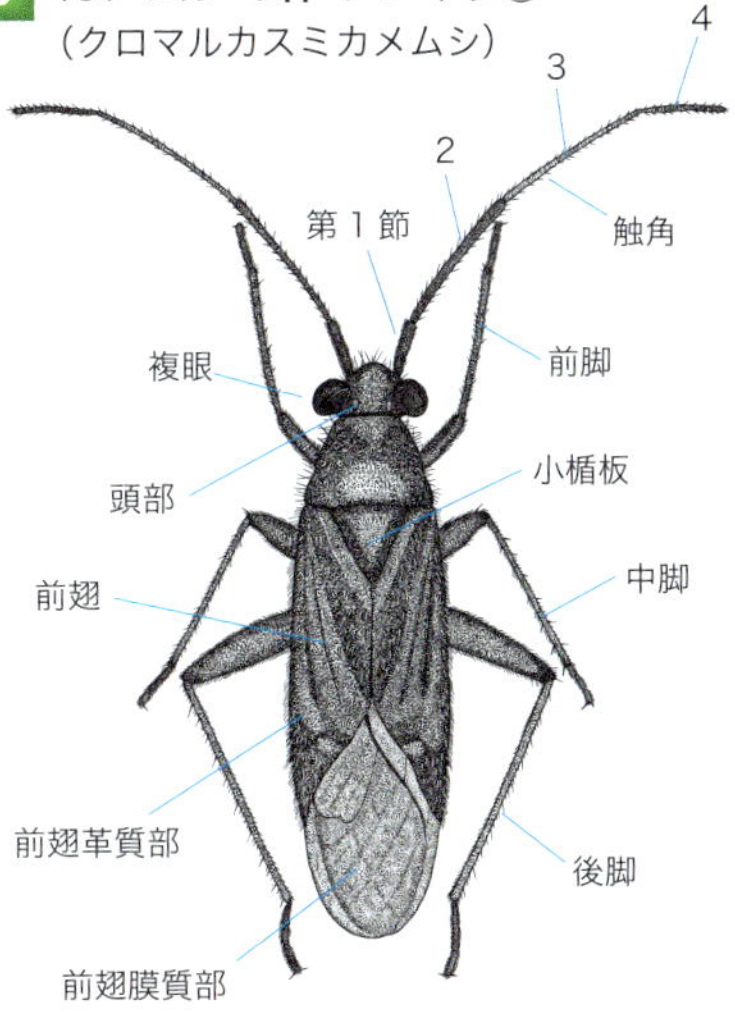

カメムシはどこに？

カメムシは、ほとんどの種類が植物の汁を吸って生活していることから植物が生活の場であり居住地となっている。とは言っても、生活の場所は、植物の根際や株もとをはじめ、その部位はさまざまで、高い樹木の樹幹から枝先までその範囲は広い。昆虫の中でも数多くの種類が含まれるカメムシは、その習性もさまざまで、陸上だけでなく海水にも生息域を拡大するなど、生活環境も多様で複雑である。

農作物が栽培されている田んぼや畑もカメムシにとっては絶好のすみかである。農家の人にとってはにっくき邪魔者であるが、最近は減農薬、低農薬そして無農薬栽培とカメムシをはじめ農作物を生活環境にしている昆虫たちにとっては都合のよい環境が広がっているということもできる。

カメムシは農作物の葉の表面、葉裏をひっくり返してみても対面できる。とくにイネ科やマメ科、キク科、そしてナス科の作物を大好きなカメムシは多い。菜園や花壇の花でもよく見られる④。果樹園でも果実が大好きなカメムシは多く、農家の人たちを悩ませている。ミカン、ユズなどの柑橘類、ナシ、ブドウ、モモとみんな大好物である。

カメムシは、野外でも農作物同様にマメ科・キク科・イネ科植物に多いが、さらにバラ科・ミズキ科・ウコギ科・ブナ科・カバノキ科などの樹木にその姿を見る機会が多い。

また地面や石の下などにも生活環境をもっているものもいることから、河原の石を裏返してみたり、地面の落ち葉の下をみたりすることで出会えるはずである。さらに、水辺や休耕田の湿った株もとなどもカメムシにとっては絶好のマイホームである。

④ 菜園で見られたカメムシ（ヒメナガカメムシ） 5ミリ

畑や庭のカメムシたち——農作物を吸うベジタリアン

5 アオクサカメムシの成虫（右）と幼虫（左）
（卵と幼虫は 95、96 ページも参照）


大部分のカメムシ類は植物から汁液を吸収している。だからと言ってなんでもやたら構わず口吻を刺し込むのではない。カメムシも餌となる植物を選ぶのである。あるものはイネ科、あるものはマメ科というふうに決まっている。昆虫の食性は、えさとなる対象の範囲によって単食性、狭食性、広食性などに分けることができる。

単食性とは、食物となる植物がただ一種のものに限られるというものであるが、カメムシでは少ない。大部分の種は一つのグループ、たとえばイネ科植物・マメ科植物・キク科植物など同じ仲間の植物、あるいは複数の科単位で植物から汁液を吸収する狭食性の種が多い。

一方、カメムシ科のチャバネアオカメムシ、アオクサカメムシ、ミナミアオカメムシ、エゾアオカメムシなどは、野菜や果樹など多くの植物に生活し、広食性の代表的なカメムシと言える。ミナミアオカメムシは三二科一四五種もの植物から、チャバネアオカメムシに至っては、四七科一一二種もの植物から吸汁することが報告されている。

植食（草食）系のカメムシは、いろいろな植物から養分を吸収している。当然のことであるが、畑や水田に栽培されている農作物を求めて生活するカメムシもこれまた多い。カメムシの研究が近年進展したのは、農業害虫としてのカメムシが注目されたからである。

畑や水田にはカメムシが好きな農作物がまとまって栽培されている。植物から養分を吸収して生活している身にとってこれほどありがたいことはない。とくにマメ科、ナス科、キク科、ウリ科、イネ科など、いずれもカメムシが大好きな栽培植物である農作物がたくさんある。
畑の野菜に目を転じてみよう。

マメ科作物　ダイズやアズキ、インゲン豆、ソラマメ、エンドウ、ササゲなどマメ科作物にはカメムシは結構多い。体長一三～一五ミリのアオクサカメムシ⑤は光沢のない緑色のカメムシである。これらのマメ科作物には常連客で個体数も多い。分布を北上させているミナミアオカメムシも農業害虫として、これから心配されるカメムシの一つ。このほかには、マルカメムシ、幼虫がアリにそっくりなホソヘリカメムシ⑥、ハラビロヘリカメムシ⑦、アズキヘリカメムシ、アカヒメヘリカメムシ⑧、イチモンジカメムシ、クサギカメムシなど数多くの種類のカメムシが加害することが分かっている。多くはサヤと中の子実が変形したり変色したりする。

ナス科作物　トマト、ナス、トウガラシ

⑧ アカヒメヘリカメムシ　7ミリ

⑥ ホソヘリカメムシ、幼虫（左）はアリに似ることで天敵から身を守る　15.5ミリ

⑨ ホオズキヘリカメムシ　13ミリ

⑦ ハラビロヘリカメムシ　14ミリ

などナス科作物には、アオクサカメムシ、ミナミアオカメムシ、チャバネアオカメムシ、クサギカメムシ、そして葉裏に光沢のあるひし形の銅色の卵を産みつけるホオズキヘリカメムシ⑨があげられる。
ウリ科作物　カボチャやスイカ、キュウリなどウリ科には体長一五ミリの黒褐色の腹部のまわりがノコギリ状になっているノコギリカメムシ⑩がいる。畑でよく出くわす個性的なカメムシである。沖縄では、体長二五ミリに達する黒いアシビロヘリカメムシ⑪が分布している。後ろ脚のすねの部分が大きく、葉のように広がっているのが特徴である。カボチャやキュウリのほかに沖縄特産のゴーヤー（ニガウリ）を食害する害虫である。
アブラナ科作物　キャベツやダイコン、菜の花などアブラナ科の作物では、体長九ミリ前後の藍色にオレンジ色のすじ状の紋をもつきれいなナガメ⑫とヒメナガメの姿が見られる。近年各地で増えている春先に紫色の花をつけるムラサキハナナの種子にもよくついている。ブチヒゲカメムシ⑬、クサギカメムシそして広食性のアオクサカメムシ、ミナミアオ

⑪ アシビロヘリカメムシ　25ミリ

⑩ ノコギリカメムシ　15ミリ

⑬ ブチヒゲカメムシ　14ミリ

⑫ ナガメ　9ミリ

カメムシも生活する。
セリ科作物　ニンジン畑には、セリ科植物が大好きな体長一二ミリ程の黒色の地に五本の赤い縦縞をもつアカスジカメムシが、時には体長五ミリ程の黒褐色のハナダカカメムシが白く広がった花上に群がっている。アカスジカメムシは、セリ科のハーブであるウイキョウ（フェンネル）にもよく姿をみることができる⑭。
ヒルガオ科植物　畑の周囲などにみられるヒルガオやアサガオなどのヒルガオ科植物には、赤と黒の鮮やかな模様をもつヒメマダラナガカメムシ⑮も生活している。この種は個体による色の変異が多い。
果樹　カメムシの被害は、果樹でも深刻である。カメムシの中には、果実の大好きなものがいる。実がなり始めた頃や収穫間近の果実を吸うのである。ミカンやユズなどの柑橘類をはじめ、ナシ、リンゴなど数多くの果樹に、チャバネアオカメムシ、ツヤアオカメムシ⑯、クサギカメムシ⑰、の三種のカメムシが登場する。これらのなかでも関東地方では、チャバネアオカメムシとクサギカメムシさらにアオクサカメムシの被害が深刻である。果実がでこぼこ状に変形したり変

⑭ アカスジカメムシ　12ミリ

⑯ ツヤアオカメムシ　10ミリ

⑮ ヒメマダラナガカメムシ　8ミリ

17 クサギカメムシの成虫（右）と幼虫（上）
16ミリ

色したり、さらには吸収された部分の果汁が抜けてスポンジ状になる被害を受けるなど商品価値を著しく低下させてしまう。果樹カメムシは、果実の大好きなカメムシたちである。

庭先でよく見るのは、マユミやニシキギの葉の上に群がる腹の黄色い体長一五ミリ程のキバラヘリカメムシ18である。幼虫が群生する姿も見られるはずである。マメ科植物を好む小さな丸い茶色のマルカメムシは、どこからともなく飛来し建物の壁や庭の植物に体を休ませている。地表性のナガカメムシの仲間は、細長く黒っぽい色が多いが庭の植物の地際を忙しく動いている。みんな手を出さない限りにおいは伝わってこない。

18 キバラヘリカメムシの幼虫の群れと成虫（左）
15ミリ

田んぼのカメムシたち——お米大好きカメムシ

イネ科植物の代表は、田んぼのイネである。あれほど大規模にまとまって栽培されているイネ科植物を大好きな昆虫たちが見逃すはずがない。吸収性口器をもつカメムシのやっかいなことは、食害するそしゃく性口器の昆虫と違って食べ痕が確認できないことから、被害がすぐにわからないことである。

古くから、イネの害虫として名を連ねたカメムシは、真黒なイネクロカメムシと淡い黄褐色のイネカメムシ⑲が知られていた。イネカメムシは、今では場所によっては絶滅危惧種にランク付けされるほど、その姿を田んぼで見る機会は少ない。イネクロカメムシは、穂にはほとんどつかず、株もとでの生活が中心であり、イネカメムシは農薬の散布による影響によって、地域によっては田んぼからその姿を消してしまっている。

こうした古くからのイネとの関わりのあったカメムシに代わって、再び水田に発生するカメムシが大きくクローズアップされるようになったのである。それは、斑点米という非常にやっかいな被害を引き起こす原因が、イネの穂を吸害するカメムシにあることが分かってきたからである。

穂が出た後（出穂期）もみの上から吸汁するカメムシ類によって、玄米や白米が褐色や黒褐色の斑点をもつのが斑点米⑳と呼ばれるコメである。これは、カメムシの加害によって生じた着色米である。商品価値が低下し、稲作農家にとっては大きなダメージとなる。モミの外側からの吸害は、モミ殻を取り除いた玄米にして、はじめてその被害に気づくことになる。斑点米の被害は一九七〇年代に拡大し、二〇〇〇年代に入っても多発傾向が続いている。

⑲ イネクロカメムシ（左）とイネカメムシ（右）

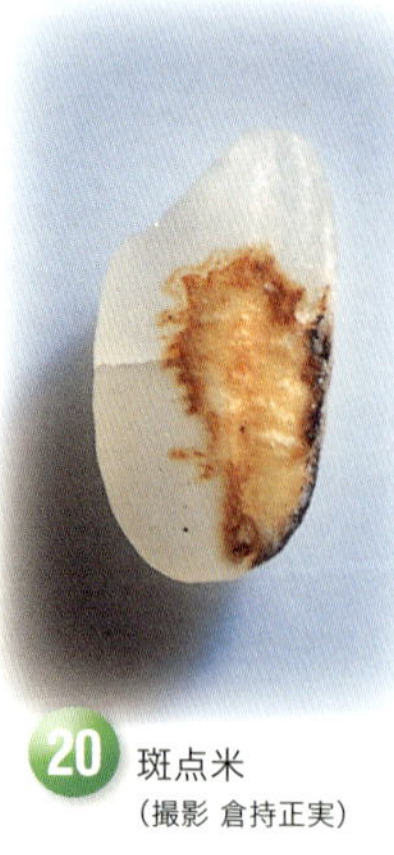

⑳ 斑点米
（撮影 倉持正実）

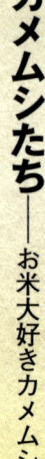

22 イネホソミドリカスミカメ 10ミリ

21 クモヘリカメムシ 16ミリ

イネ科につくカメムシは数多くが知られ、斑点米を起こすものとして六五種程のカメムシが知られている。さらに起こす可能性のあるカメムシも数種いる。カスミカメムシ科、ヘリカメムシ科、ホソヘリカメムシ科、カメムシ科、そしてナガカメムシ類などの多くのカメムシには、イネの穂に依存して生活する種が多く存在しており、稲作農家そして防除関係者からにらまれているのである。

そのなかでも、クモヘリカメムシ㉑、イネホソミドリカスミカメ㉒、アカスジカスミカメ、シラホシカメムシ類㉓などは深刻な被害をもたらしている。これらのカメムシは、主に河川敷の土手や牧草地そして休耕田や畦畔のイネ科植物で冬を越し、イネの穂が出始めるころになると田んぼに移り棲むのである。イネの茎や葉は硬く穂が出る前の田んぼにはカメムシは少ないようで、本格的な発生は、穂が出た後にその穂を目当てに集まることになる。

ヘリカメムシ科のホソハリカメムシ、ヒメハリカメムシ、ハリカメムシ㉔などの種もイネ科によく見られるカメムシである。斑点米の原因となるカメムシは、地域によって発生する種類も異なり複雑である。

イネ刈りが終わり、田んぼにイネがなくなっても昆虫の姿を見ることは多く、やがて、気温の低下とともに、畦畔の枯れ草や稲わら、株、土中などで冬を越すのである。

23 シラホシカメムシ 6ミリ

24 ハリカメムシ 11ミリ

野山の代表的なカメムシ
——マルカメムシはクズが一番の好物

身近な野山の代表的なカメムシといえば、マルカメムシをあげることができる。黄褐色をした小さなカメムシである。洗濯物についたり、時には虫干しした衣類、窓ガラス、網戸に二列に揃えた十数個の卵を産み付けたりすることがしばしばある。においも小さい体の割に強く、いやなカメムシとして知られている。マルカメムシ科の種は、三ミリから五ミリ程の大きさで、背中は半球状に丸く膨れているが、腹面は平らになったつくりをしている。日本には、このマルカメムシの仲間は一五種が知られている。

マルカメムシ科の大部分の種は、マメ科植物を寄主として生活している。なかでもクズの葉や茎（つる）は大好物である。このクズは、平地から低山地に生える大形のつる草で、土手や手入れの行き届かない林や荒廃地にはびこっているやっかいな植物である。

とくに林の周辺に繁茂し、林縁樹木に覆いかぶさることからマント群落をつくる典型的な植物として知られている。大きな樹木以外にも、電柱の支線などには

25 大好物のクズにみられるマルカメムシ

26 ダイズに群がるマルカメムシ

い上がって絡みつくほどである。秋には紫がかった赤い芳香のある房状の花をつける。

マルカメムシは、近年、個体数が増えているが、このクズの繁茂が原因の一つとして考えられる。マルカメムシはクズが大好物で、数多くの個体が茎に隙間はなくびっしりとついていて、刺激を与えると一斉に飛び立つなどして分散する25。山歩きや散歩の機会に、林道脇や土手に生えているクズの茎をよく見れば、きっと嫌われものの丸形のマルカメムシをじっくり観察することができるはずである。成虫で冬を越すことから、春先から晩秋までよく目にすることができる代表的なカメムシである。

マメ科植物に生活するマルカメムシは、クズ以外にもフジ、ハギ、ヌスビトハギ、ニセアカシアなどにも生活する。マメ科植物が大好きなマルカメムシは、畑に栽培されるマメ科植物を放っておくはずがない。ダイズやアズキなどのマメ科の農作物にもついて吸汁することからマメ科作物の害虫である26。

同じマメ科のメドハギに生活するのは、キボシマルカメムシやヒメマルカメムシである。マルカメムシに比べ個体数は少ない。

マルカメムシ科のほとんどの種がマメ科植物に生活するなかで、サクラタデやイヌタデ、ママコノシリヌグイなどのタデ科植物から吸汁するのがタデマルカメムシである。光沢のある黒色の種でマルカメムシよりやや小さい体をしている。やはり集団で生活することが多いマルカメムシである。

マルカメムシは、マメ科植物なくして生きてはいけないのである。畑では、枝豆となるダイズは大好物である。

コラム

異色の エビイロカメムシ

イネ科植物にみられるエビイロカメムシ27は、カメムシの中でも異色の存在だ。触角と口吻が短く、スリムなやや赤味を帯びた黄褐色で、体長一五ミリ程の扁平な体つきだ。頭は三角形に突きだし、日本ではこの仲間はただ一種である。イネ科植物に生活するが、とくにススキに多い。

27 エビイロカメムシ 15ミリ

山地の多彩なカメムシたち——ミズキはツノカメムシの出会いの場

山地には平地とは異なり多くの昆虫がいる。カメムシも山地性の種は多い。小さなカスミカメムシ類やサシガメの仲間そしてツノカメムシの仲間などである。また、ヨツボシカメムシ28、トゲカメムシ、スコットカメムシ、ナカボシカメムシ、ツマジロカメムシ29、エゾアオカメムシなどカメムシ科の種も低山地から山地の林道わきの植物でよく見られるカメムシである。

大型種のツノアオカメムシやトホシカメムシ、樹上生活者のクヌギカメムシも山地でなければ出会うことのない種である。樹木の上で生活しているものが多く、肉眼ではよほど注意していないと見つけることは容易ではない。

カメムシの大部分は草や木のある環境で生活しているが、ツノカメムシの仲間の多くは樹木の葉や枝そして樹幹に集まるものが多い。ツノカメムシとは、背中の両肩（側角）が外側に角状に突出していることに由来しているが、緑色や小豆色の「かっこいい」カメムシである。また、オスの腹の先にある生殖器は、はさみ状に発達している。日本には二七種程が知られているが、多くは北方系の種が中心である。

多くの樹木（ウコギ科、ウルシ科、カバノキ科、ヤナギ科、スイカズラ科、ヒノキ科、クワ科、カエデ科、バラ科そしてミズキ科など）に集まるが好みは決まっている。なかでも、ミズキ科のミズキ30にはたくさんの種が見られる。ミズキに生活するツノカメムシをあげてみると、ハサミツノカメムシ31、エゾツノカメムシ、セアカツノカメムシ、ヒメハサミツノカメムシ、ミヤマツノカメムシ、トゲツノカメムシ、ヒメツノカメムシ、モンキツノカメムシそしてエサキモ

28 ヨツボシカメムシ 14ミリ

29 ツマジロカメムシ 10ミリ

ンキツノカメムシといったところである。ミズキほど数多くのツノカメムシに幅広く受けいれられる樹木は少ない。運がよければキンカメムシ科のアカスジキンカメムシにもミズキの木で出会うことができるかも知れない。

ツノカメムシの大きさは、大きいもので二〇ミリ近く、小さいものでは六ミリ程である。ミズキによく見られるセアカツノカメムシは、青みがかった緑色をしていて、大きい体をしている。ハサミツノカメムシやヒメハサミカメムシも鮮やかな緑のカメムシで、ミズキをはじめヤマウルシやサンショウなどにも生活する。よく似ているが、オスの生殖節にある赤いハサミ状の突起が、平行に後方に伸びるのがハサミツノカメムシで、後方に向かって外側に開くのがヒメハサミツノカメムシと言うわけである。

ミズキは、落葉広葉樹の高木で一〇メートルにも達する。山野に普通に見られ、樹幹は直立し、初夏に多数の白い花をつけるので、遠くからも全体が白色に見える。葉は枝を取り巻くようにつき、枝葉は水平に重なるように配置されているので一見して分かる樹形をしている。樹液を多く含み、春先は枝を切ると水が滴るほどである。クヌギの樹液に集まるカブトムシやクワガタ同様、ツノカメムシにとってミズキは絶好の出会いの場であり、憩いの場となっている。

樹幹には口吻を刺し込んでいる数種のカメムシが混生するほか、葉裏ではエサキモンキツノカメムシやヒメツノカメムシなどの種が卵を守っている姿も見ることができる。近づくと、驚いて羽音をたてながら飛び立つものや落下するものも結構いる。ミズキは、ツノカメムシを探す目印となるが、ミズキがあれば、必ず

30 ミズキの木（開花期）

31 ハサミツノカメムシ　18ミリ

ツノカメムシがいるとは限らない。ツノカメムシもミズキを選ぶのである。

ミズキ以外にも、個体数の少ないフトハサミツノカメムシは、イヌザクラやソメイヨシノなどのバラ科の樹木に生活する。オスの生殖節のハサミ状の突起は太く、後方に開くので一見して区別はつきやすい。ヤシャブシやハンノキなどのカバノキ科には、セアカツノカメムシ、ヒメツノカメムシ、ベニモンツノカメムシ、モンキツノカメムシ、セグロヒメツノカメムシなどが生活する。小形種のアオモンツノカメムシ32は、ヤツデ、キズタ、カクレミノなどウコギ科植物の実に集まる種である。

9ミリ

32 アオモンツノカメムシ

樹上生活者で忘れてはならないのは、クヌギカメムシの仲間である。その名の通りクヌギやコナラなどブナ科の高い枝葉に生活している。その代表は、クヌギカメムシ33、ヘラクヌギカメムシ、サジクヌギカメムシである。この三種はそっくりで、とくにメスでは区別が難しい。オスは、名前のように生殖器が明らかにヘラ状やスプーン状となるなど形態に差がある。うす緑色のきれいな仲間である。同じクヌギカメムシ科のナシカメムシはナシ、ヤマザクラ、リンゴ、ウメなどのバラ科の樹木に、山地性で珍しいヨツモンカメムシは、カバノキ科のハシバミのほかオヒョウ、ハルニレ、ケヤキ、ニレ類などニレ科樹木に生活する。

ツノカメムシ科と並んでクヌギカメム

33 クヌギカメムシの成虫（上）と幼虫（右）

13ミリ

34 オオクモヘリカメムシ

20ミリ

シ科は、樹上生活をするカメムシの代表といったところである。いずれも樹幹や枝葉、種子や果実から吸汁し生活している。樹上に生活するこれらのカメムシは、普段はなかなか目につくことの少ないカメムシと言える。体長二〇ミリの鮮緑色のオオクモヘリカメムシ34は、ネムノキに棲むヘリカメムシ科では数少ない樹上生活者である。

コラム

カメムシらしいカメムシ

山地性のカメムシには、カメムシらしいかっこいいものも少なくない。まず、大形種も多く光沢をもった緑色のツノカメムシの仲間である。両肩の威厳さえ感じられる側角やオスのもつ生殖節は見事である。

種類別では、体長二〇ミリを超える金属光沢をもった緑色の美しいツノアオカメムシがいる。両肩の側角は幅広く先端はナイフのようにとがる。そして脚と体の周囲は赤褐色で縁取られている。金緑色の背中の細かい不規則な点刻はすばらしい。ほぼ同じ大きさのトホシカメムシ35は、明るい黄褐色をした体色で、背中の中央部の小楯板と呼ばれる箇所に六個、胸部の背面の前列に四個の黒い点をもっている。側角は、前方に突き出ている。両種ともに、山地に棲みカエデ類、ミズキ、サクラ、シラカンバ、ニレなどの樹木で生活し夜間には灯火にも飛来する。

35 トホシカメムシ 20ミリ

アオクチブトカメムシ36は、強い金属光沢をもった緑色をしたクチブトカメムシである。二〇ミリを超える大形のカメムシである。山地性で個体数は少ないが美しさとかっこよさを備えたカメムシと言ったところだ。同じ仲間のルリクチブトカメムシも小粒ながら、瑠璃色をした好きなカメムシの一つである。

体長は一センチに満たないが小形ながらも存在感あるかっこいいカメムシは、カメムシ科のウシカメムシ37だ。つやのある黒褐色に黄色の点刻をもち、何といっても名前の由来通りの側角が牛の角状に大きく横に突き出ている。五齢幼虫も黒色の体に見事な側角を備えているので一見して区別がつく。アセビやシキミなどの植物に生活すると言われるが数は少ないカメムシである。

36 アオクチブトカメムシ 20ミリ

カメムシらしいと言えば、ヘリカメムシ科のオオヘリカメムシもいる。二五ミリに達する大形のカメムシであるが、悪臭も第一級品の持ち主である。山地のアザミ、フキ、モミジイチゴ等の植物によく見かける。沖縄に分布し、後脚が太く発達した大形のアシブトヘリカメムシはキュウリなどの害虫でもあるが、ヘリカメムシの存在感を示してくれるカメムシである。

37 ウシカメムシ 6ミリ

地表や土中に生活するカメムシたち

38 ヨコヅナツチカメムシ 20ミリ

地表や土の中で生活しているカメムシがツチカメムシである。三ミリに満たないツヤツチカメムシから、ヨコヅナツチカメムシ38のように二〇ミリに達する大きいものもいる。色彩的には黒色や茶色と言った地味な種が多い。日本には、二〇種を超えるツチカメムシがいることが分かっている。

ツチカメムシの中で異彩を放つのが、ベニツチカメムシ39である。その名の通り、鮮やかな紅色に黒色の大きな丸い二つの斑紋をもつ美しい種である。体も大きく一八ミリにもなる。古くはクチブトカメムシの仲間と考えられていた時があったほど、ツチカメムシのイメージを払拭させる姿をしている。この種は、沖縄や九州そして四国の限られたところに分布し、照葉樹の森に集団で生活していて、子育てをすることでも知られる(54ページ参照)。ツチカメムシ類は、普通、草の根際や石の下などの地表面や土の中に生活し、地表に落ちた木や草の実を吸収するのである。ツチカメムシも植物なくしては生きていけない。

藍色がかったシロヘリツチカメムシは、その名のとおり、体のまわりに白い縁取りのあるツチカメムシでビャクダン科のカナビキソウに、ミツボシツチカメムシは、オドリコソウや帰化植物のヒメオドリコソウなどシソ科植物に生活する。体長五ミリ程のマルツチカメムシやヒメツチカメムシは、地中に生活し、植物の根や落ちた種子を吸って生活している。

地面を歩行する姿を見かけることの多い光沢のある黒っぽいツチカメムシは、やや大きいが地表に落ちたクスノキやヤツデ、モチノキなどの実を餌にしている。ツチカメムシの中で、最も大きなヨコヅナツチカメムシは全身に少し光沢をもった黒色のツチカメムシで、北海道にはいないが、各地に分布する。通常は照葉樹

39 ベニツチカメムシ 18ミリ

林の林床に生活していることが多く、人目につきにくい種である。

ジムグリツチカメムシは、まさに名前の通り、土中に潜って生活しているもので、茶褐色をした五・六ミリ程の大きさで日本にはただ一種のみが知られている。イネ科植物の生える土の中に生活し、南に分布する種であるが東京都内の公園でも発見された例がある。

多くのツチカメムシの頭は丸みを帯びていて、先端は扁平になっている。体の表面も滑らかな構造である。とくに前脚は、ヘラ状となり板状に広がることが多い。先端部もモグラのように手のひら状に広がっている。まさに土の中や地表面での生活に適応した構造である。ツチカメムシの仲間は、ほとんどが地面や背丈の低い草の上で歩行生活をしているが、灯りにもよく飛来する習性がある。

ツチカメムシ以外のカメムシの中でよく目につくのは、ナガカメムシの仲間である。体が細長いことから付けられた名前である。これまでの分類から研究がすすみ、ヒョウタンナガカメムシ科、コバネナガカメムシ科、マダラナガカメムシ科など一〇科程に整理され、全体では優に一五〇種を超えている。以前は、まとめてナガカメムシ科とされていたものである。多くの種は、イネ科やカヤツリグサ科などの植物上に生活しているが、大きなグループであるヒョウタンナガカメムシ科やコバネナガカメムシ科の種は雑草間などの地面で目にすることができる。

40 モンシロナガカメムシ 7.5ミリ

ナガカメムシの仲間は、赤や黄色の鮮やかな色彩のマダラナガカメムシ科を除けば、大部分は黒や茶褐色の地味な色の種が多いのも特徴である。しかし、地味なりに変化に富んだ繊細な模様の種が多く魅力あるカメムシである。

キベリヒョウタンナガカメムシは、六ミリ程の褐色のナガカメムシで、地表生活者でエノコログサなどイネ科植物の生える地表で生活する。落下した種子を吸汁している。よく似たサビヒョウタンナガカメムシも同様の生活をしている。イネ科やマメ科の植物に見られる体長七ミリから八ミリのモンシロナガカメムシ40は、背面後部の左右の白い紋が特徴のナガカメムシで、枯れ草やゴミなどの堆積物をはがすと急ぎ足で地面を這う姿を見ることができる。

体長ほぼ六ミリのコバネヒョウタンナガカメムシは、前翅が黄褐色で短く、体が黒いので他種との区別は容易である。イネ科植物に生活するが、地面を歩行する個体も多い。四ミリ程の黒い複眼が突出しているヒメオオメナガカメムシは、前翅が黒と褐色の色彩変異が見られるナガカメムシで、やや湿った地表面を生活環境としている。河原に生えるイネ科植物の根際に生活する小さなスナコバネナガカメムシも地表や土の中に生活する。これらのナガカメムシは、地面を覆う被覆物が取り除かれて発見されると、急ぎ足で敏感に動き回り、少しして立ち止まり、また動き出すといった動作を繰り返し、再びどこかに潜り込んでしまう。

サシガメ類の中にも歩行性の種がいる。サシガメは捕食性の昆虫であり、落ち葉や枯れ草などのゴミを取り除くと、真っ先に出てくるのがクロモンサシガメとクロサシガメである。名前の通り黒いサシガメである。普通に見られるクロモンサシガメ41は、翅の長さは個体によってさまざまで、ほとんどが短翅型でまれに長翅型が見られる。クロサシガメは、一まわり小さく、個体数はそれほど多くはないが、こちらは長翅型が普通である。両種ともに口吻で刺されると激しい痛みを伴うのである。

ハネナシサシガメも植物の根際で生活する地表生活者である。移動はもっぱら歩行で行なう全体黒色をしたサシガメである。まれに有翅の個体にも出会うが、ほとんどは名前のとおり翅を全くもたない背中が丸見えのサシガメである。水田地帯など湿ったところに棲む黄色のキイロサシガメも地表生活者である。

褐色をしたトビイロサシガメの仲間も地表性のサシガメである。よく似た大形種が数種知られている。トビイロサシガメの他に、クロトビイロサシガメ42、モモブトトビイロサシガメなどの面々が名を連ねる。みんな地表性でやや乾いた草原の地面に潜む小昆虫を捕食して生活している。

サシガメ科ではこの他に、全身棘だらけの体長一センチ程のトゲサシガメ43は、休耕田などに生える植物の根際に生

41 クロモンサシガメ 19ミリ

42 クロトビイロサシガメ 20ミリ

43 トゲサシガメ 10ミリ

活している。株間をかき分けてじっと見つめているとモゾモゾと動き出す。一センチに満たない赤と黒のクビグロアカサシガメも河原や湿った植物の根際などで発見される種である。

　マキバサシガメ科のアシブトマキバサシガメとキバネアシブトマキバサシガメ44も忘れてはならない地表性のカメムシである。前者は、七ミリの大きさで頭と腹は光沢のある黒色、胸が赤みがかった茶色をしている。後者は、およそ一センチでやはり光沢のある黒色をしている。極めて翅は短く黄褐色をしている。両種とも翅が退化していて飛ぶことができない典型的な歩行性昆虫である。草地の地面や河原の石の下などに棲み小昆虫を捕まえて餌としている。

　体長九ミリの褐色で卵形のフタモンホシカメムシとクロホシカメムシは、ホシカメムシ科に属するカメムシで形態がよく似ている。二種とも各地に普通にいるが、乾燥した地表や植物の根際に生活する地表性のカメムシである。

　庭や路上の枯れ草や堆積物をそっと取り除いたり、草原や河原の石をはがしたりしてみると、そこには地表を生活圏としている歩行性のカメムシがあわてて逃げ回る姿がきっと見られるはずである。

44 キバネアシブトマキバサシガメ 9.5ミリ

動物の糞を吸うカメムシ

コラム

45 動物の糞を吸収するホシハラビロヘリカメムシ

カメムシのほとんどが植物から汁液を吸って生活しているが、なかには変わった食性をもつ者もいる。ヘリカメムシ科のホシハラビロヘリカメムシは、体長一五ミリの淡褐色をした各地に普通に見られるカメムシである45。普段は、マメ科植物のフジ、クズ、ヌスビトハギなどをはじめ、畑のダイズにもよく見かける種である。

　おもしろいことにこの種は、時々野生動物の糞に口吻を差し込んで吸収することが観察されている。唾液と混ぜながら吸収しやすい状態にして多少乾いた糞でも口吻を差し込むのである。

　六月下旬、秩父地方の河原の石の上にあった哺乳動物の乾燥した糞にホシハラビロヘリカメムシが一生懸命に口吻を刺していた。よくもまあ貪欲に乾燥したものから餌を摂るものだと驚いたものである。

水に暮らす個性的なカメムシたち

水の中に生活する水生カメムシも、実は種類が多く、日本産はおよそ一四〇種あまりが知られている。水生カメムシは、全ての種が捕食性で、口吻が発達している。陸生カメムシのサシガメやクチブトカメムシと同様である。

個性派の多いなかで何といっても水生カメムシといえば、その王者はタガメである46。体長は六センチを超え、日本に生息するカメムシ目の中では最も大きく、堂々としたその風格は文句のつけようのない見事さである。成虫・幼虫ともに水田や農業用水路、池沼の水中に棲み、他の水生昆虫や小魚を前脚でしっかり押さえ込んで体液を吸う。

46 タガメ 65ミリ

コオイムシやオオコオイムシもタガメと同じ環境に生活しているが、タガメよりやや浅いところに棲み、オスは自分の背中に、メスが産み付けた卵をふ化するまでしっかり守ることで知られている不思議な習性をもつ昆虫である47。こうした虫たちも各地ですみかを追われ、目にすることが少なくなってきている48。

タイコウチやミズカマキリも水生の半翅類で忘れてはならない仲間である。これらの水生昆虫は、腹の先に呼吸をするための細い管（呼吸管）をもっていて管の先を時々水面に出して呼吸をしてい

47 コオイムシ 20ミリ

る。タイコウチのものは、体の長さと同じくらい非常に長い。

水面に腹を向けて後ろ足で変わった泳ぎをする背泳ぎの名手マツモムシも一生を水の中で暮らす昆虫として知られている。日本各地の池や学校のプールにも見ることができる。水面に落ちた昆虫や時

48 オオコオイムシの生育環境（山間部の湿地）

にイトトンボなどを捕まえて水中に引きずり込み体液を吸うので、普段は水面近くにいることが多い。このマツモムシも口吻は発達していて手で捕まえようとするとサシガメ同様、指を一刺しされることがあるので要注意の昆虫である。

マツモムシによく似ていて体長一センチ程のミズムシは、腹を上に向けて泳ぐことはしない。呼吸も翅と腹の間に空気をためて行なっている。水中では水草などに捕まっていないと浮力で浮かび上がってきてしまう。古くからフウセンムシと呼ばれてきた。ミズムシの仲間は似かよった種が多く分類が難しいグループである。

次はアメンボの仲間である。アメンボは、水のある環境と陸上の環境に生活することから両生カメムシとしても分けられるが、イトアメンボ科やカタビロアメンボ科、サンゴアメンボ科などが含まれる。あの細長い形をした水面を泳ぐアメンボは、アメンボ科に分類される。日本にはおよそ二五種いることが分かっている。アメンボの中で普通に見かけることのできる種は、アメンボ49、ヒメアメンボ、コセアカアメンボなどの種である。日本で最も大きなアメンボは、オオアメンボで体長は二五ミリを超える見事なアメンボである50。小さい流れの水面や池沼に棲んでいる。

ポンドスケーターと言われるように水面を器用に流れるように泳いでいる。ま

49 アメンボ 15ミリ

さに水面を歩く昆虫界の忍者である。アメンボの腹面や脚には水をはじく細かい微毛が密生していて、これが水をはじき表面張力を利用して水に浮かんでいるのである。また、アメンボは種類によって静かな水面を好むものと流れのある水面を好むものとで棲み分けている。

アメンボの中には、アメンボらしからぬ形をしたシマアメンボ50がいる。全体が黄色がかった卵形の体は、幅広く短い形をしている。渓流に群生し活発な動きをするアメンボで、秩父地方でも個体数は少なくない。海には、やはり体が幅広く短い形をしたウミアメンボや小さなケシウミアメンボが棲んでいる。

アメンボは水面に落ちた昆虫類などの体液を吸って生活していることはすでに触れてきたが、時にはカニやエビなどの甲殻類や魚の死体に集まって口吻を刺し、養分を吸収することがある。

淡水に棲むアメンボには、個体によって翅の短い短翅型や腹より長い長翅型などの翅長の変化が見られるのも特徴である。

アメンボは、捕まえると指にアメのような甘い香りが残ることで名が付いているが、これは胸に一個開いている小さな孔から放たれるもので、ちなみにあのタガメの臭いは、若いバナナに似た臭いである。陸生カメムシのくさい臭いとは大違いである。

こうした水の中で生活するカメムシ類のほか、池や川、水田などの水際に生活するミズギワカメムシの仲間は、いずれも水のある環境でなければ生活できない昆虫である。

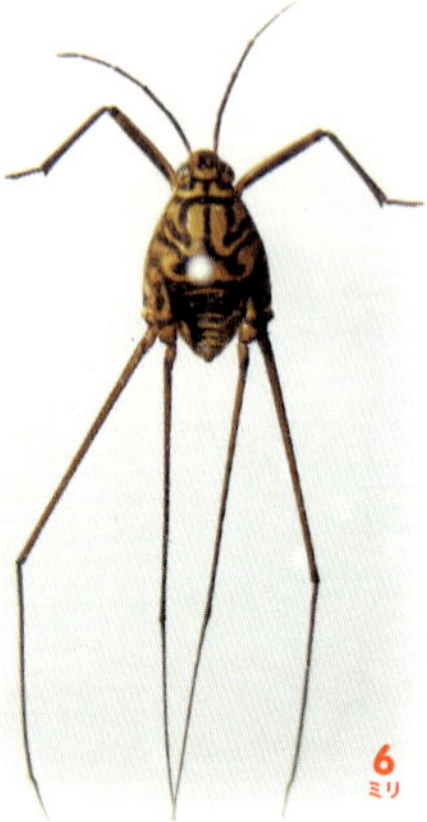

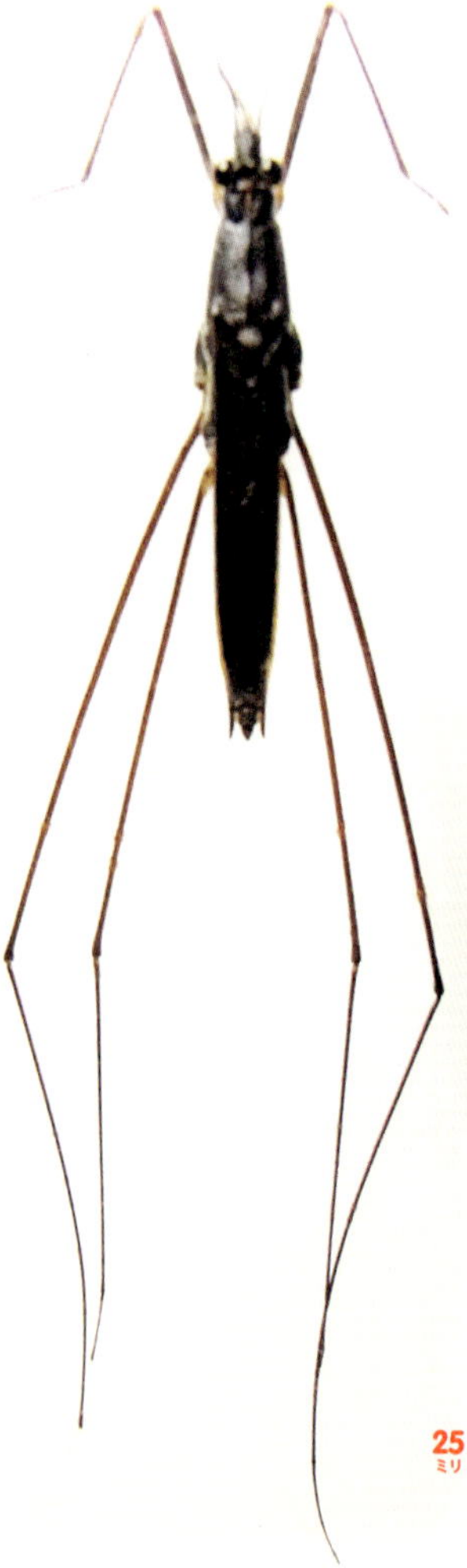

50 オオアメンボ（左）とシマアメンボ（上）

パート2

おどろきの素顔と暮らしぶり

山地に生活、卵を守る習性をもつ
エサキモンキツノカメムシ

じつに多彩なカメムシの世界

カメムシは、これまでみたようにじつに多彩で、その種類は想像以上に多い❶。昆虫の分類上は、セミやアワフキムシ❷、ウンカ、ヨコバイ❸、アブラムシ類などとともに、カメムシ目（半翅目）というグループに仲間分けされてきた。

最近では、このカメムシ目の昆虫をさらに、カメムシやアメンボなどの仲間（カメムシ亜目）、セミやヨコバイ、ウンカの仲間、アブラムシやカイガラムシの仲間に分けて扱う研究も進んでいる。

ウンカ、ヨコバイなどの昆虫は、カメムシのように前ばねがかたいキチン質とうすい膜質に分かれることなく、一様に膜質になっていることが大きな違いの一つになっている。

ちなみに、昆虫は地球上で最も繁栄し

❶ いろいろなカメムシ

た動物で、世界中に知られる動物の全種類のおよそ七〇％以上（一〇〇万種を超えるといわれる）が昆虫である。体が小さいこと、繁殖力が強いこと、飛べることなどが、あらゆる場所に適応した理由である。昆虫はおもに翅の形などからおよそ三〇のグループに分けられている。
カメムシ目の仲間は、蝶や蛾などのチョウ目（鱗翅目）、カブトムシやコガネムシなどのコウチュウ目（鞘翅目）、ハチやアリなどのハチ目（膜翅目）、ハエやカなどのハエ目（双翅目）に次いで数多くの種を含む大きな昆虫群で、その種の数は全世界でおよそ八万二〇〇〇種、日本ではおよそ三二〇〇種（うちカメムシ亜目は一二〇〇種以上）が知られている。
カメムシは、生活環境・生活様式の違いにより、タガメやタイコウチ、ミズカマキリなどの水生カメムシ類、アメンボ、ミズカメムシなどの両生カメムシ類、そして陸上に生活する多くのカメムシ類が含まれる陸生カメムシ類に分けることもできる。このうち陸生カメムシこそが、くさい虫の代名詞であるカメムシなのである。陸上に生活するカメムシは、優に一〇〇〇種を超える種が明らかになっている。このカメムシは、最近の研究では、七つのグループ（下目）に大きく分かれ、五〇を超える科に分類されている a。
クビナガカメムシ類　原始的なタイプでクビナガカメムシ科の一科だけが知られている。
ムクゲカメムシ類　ムクゲカメムシ科、ノミカメムシ科が知られている。
タイコウチ類　いずれも水の中で生活し

2 シロオビアワフキ 12ミリ

3 ツマグロオオヨコバイ 13ミリ

a カメムシ（カメムシ亜目〈異翅亜目〉）の分類体系

（石川　忠・安永智秀・友国雅章，2012，参考）

下　目	所属する科
クビナガカメムシ下目	クビナガカメムシ科
ムクゲカメムシ下目	ムクゲカメムシ科　ノミカメムシ科
タイコウチ下目	タイコウチ科　コオイムシ科　ミズムシ科　メミズムシ科　アシブトメミズムシ科　タマミズムシ科
アメンボ下目	ミズカメムシ科　ケシミズカメムシ科　イトアメンボ科　サンゴアメンボ科　カタビロアメンボ科　アメンボ科
ミズギワカメムシ下目	ミズギワカメムシ科　サンゴカメムシ科
トコジラミ下目	グンバイムシ科　フタガタカメムシ科　カスミカメムシ科　マキバサシガメ科　ハナカメムシ科　トコジラミ科　サシガメ科
カメムシ下目	ヒラタカメムシ科　クロマダラカメムシ科　ヒゲナガカメムシ科　ヒョウタンナガカメムシ科　オオメナガカメムシ科　チビカメムシ科　マダラナガカメムシ科　コバネナガカメムシ科　ヒメヒラタナガカメムシ科　ホソメダカナガカメムシ科　メダカナガカメムシ科　イトカメムシ科　オオホシカメムシ科　ホシカメムシ科　ツノヘリカメムシ科　ホソヘリカメムシ科　ヒメヘリカメムシ科　ヘリカメムシ科　クヌギカメムシ科　マルカメムシ科　ツチカメムシ科　キンカメムシ科　ノコギリカメムシ科　カメムシ科　ツノカメムシ科

注：下目（かもく）とは、亜目の下に置く分類上の階級である。
ナガカメムシの仲間が細かく分けられたことは最近の研究の成果である。

ているグループで一〇科が知られている。いわゆる水生カメムシである。
アメンボ類　水に適応し陸上にも生活するグループ（両生カメムシの仲間）で六科が知られている。アメンボは水面に落ちてきた昆虫の体液を吸って生活している。
ミズギワカメムシ類　水辺・海岸や湿地に生活するグループで二科が知られている。
次は、いよいよ陸生カメムシで、いわゆる「カメムシ」と呼ばれているグループである。
トコジラミ類　七科が知られているが、とくにカスミカメムシの仲間は、未知の種を数多く含む大きなグループである。ハナカメムシ科、マキバサシガメ科、サシガメ科のカメムシは他の昆虫や小動物を捕食して生活している。
カメムシ類　最も大きなグループで二五科におよぶカメムシが含まれている。トコジラミ類に加えて、この仲間こそ「くさい虫カメムシ」と言える面々である。

カメムシの頭部の形態（触角は除く）

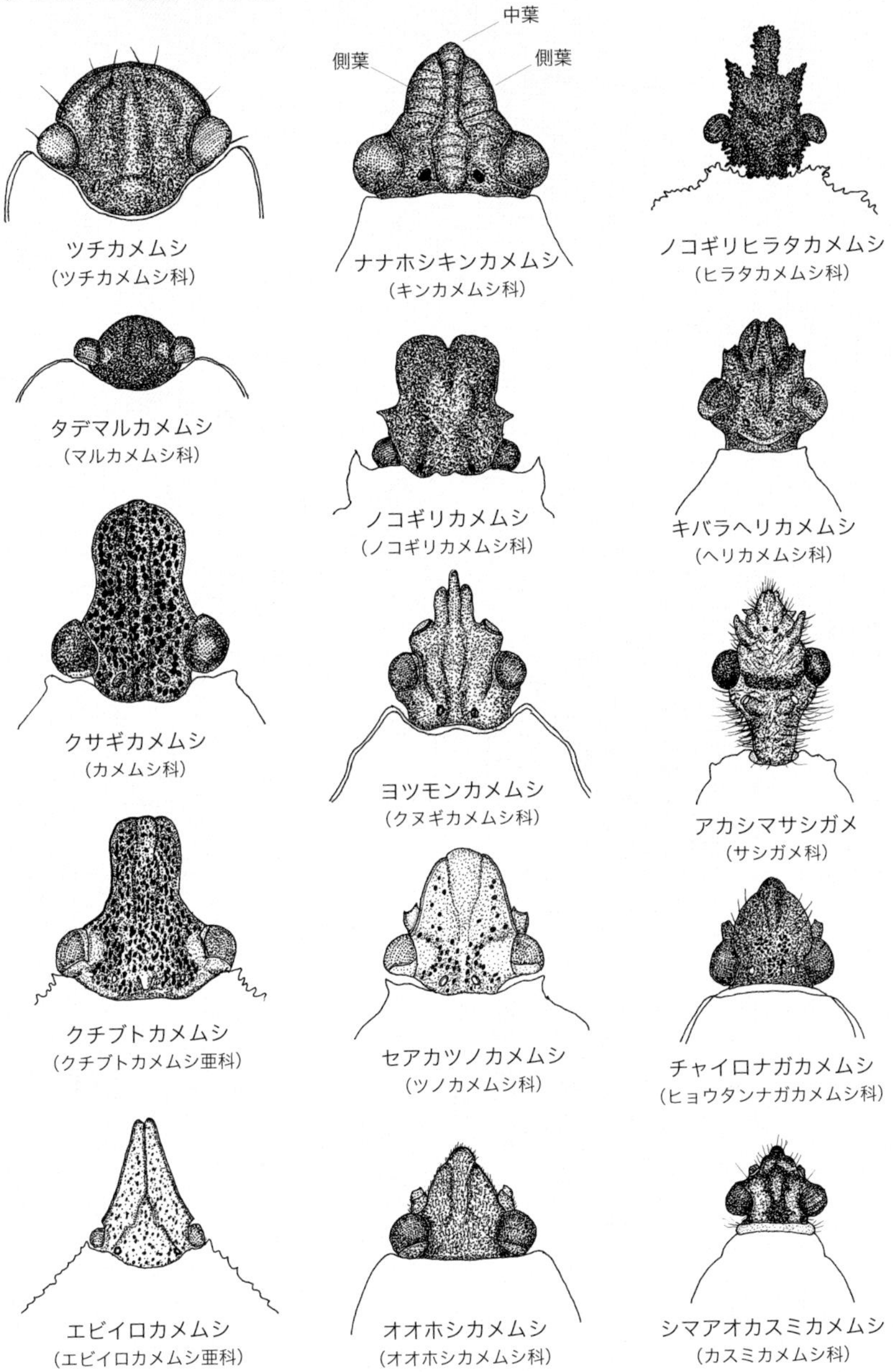

カメムシの頭部には、複眼、単眼、触覚、口吻などの大切な器官が備わっている。頭部の形も大きいもの、小さいもの、頭頂が丸いもの、三角のもの、幅広く突き出たもの、毛の生えているものなど、さまざまで個性的である。頭部先端の左右の側葉と中央の中葉の形は種を分ける目安ともなっている。

マイストローで好物を一刺し

昆虫の口は、作用の違いからそしゃく性口器と吸収性口器に分けられる。カメムシは、吸収性口器をもつ代表である。細長い管からなるこの口は、食物を固体でとることはできず、液体としてとっている。頭の下面の先端から胸、腹に向かって細長く伸びる管がそれである4。

ハエやカの仲間、ノミも同様に吸収性口器の持ち主である。昆虫の口は、本来、固形の食物をかみ砕くそしゃく性口器で、進化適応したのが吸収性の口器と考えられている。この細長い管は口吻と呼ばれている。通常口吻の先にある感覚毛で刺し込む位置を探り、口吻の先端でつつくようにして挿入場所を選んでいる。この口吻の中には、口針とか刺針と呼ばれる長く細い管があり、食物となる組織に刺し込み食物を吸収する。

口吻は、口もとから先端に向かって第一節、第二節……と、いくつかの節から構成されていて、触角と同様に分類上の手がかりにもなっている。サシガメ科、トコジラミ科、カタビロアメンボ科の仲間は三節、ホシカメムシ科、ツチカメムシ科、カメムシ科、ツノカメムシ科、マキバサシガメ科、アメンボ科などの口吻は、四節からできている。カメムシは、このマイストローを巧みに利用して食物を取り込み生活している。

ツノカメムシ科は、主に木本性樹木に生活、ツチカメムシは、地面に落ちた植物の実などから吸収する。数多くの種を含むカスミカメムシ類やナガカメムシ類もさまざまな植物に生活している。ヘリカメムシ科の種は、全てがそれぞれ好みの植物から養分を吸っているが、ホシハラビロヘリカメムシ5という体長一五ミリの黄褐色をしたヘリカメムシは、普通クズ、ハギなどのマメ科植物を寄主植物としていてダイズの実も吸害する。

4 カメムシの口吻（上：クサギカメムシ、右：マルカメムシの幼虫）

このように大部分のカメムシは植物に依存し、茎や葉、種子・果実などから吸汁していることから、農林業上の害虫とされる種も数多い。最近の研究では、植物から吸汁するカメムシの多くは、消化管内（腸内）に共生細菌を保持し、それがカメムシの成長・生存・繁殖などを支えていることも明らかにされつつある。

5 ホシハラビロヘリカメムシ

カメムシの中には、食物を動物からとっている捕食性の種もいる。クチブトカメムシやサシガメ、ハナカメムシの仲間は、ほかの昆虫類や小動物の体に口吻を差し込んで体液を栄養分として取り込んでいる。サシガメではゴミムシ、ハムシ、アブラムシ、ヒシバッタなどの昆虫のほかヤスデからも体液を吸収する。ハナカメムシ類は、農作物に発生するアザミウマやヒメヨコバイなどを捕まえることが知られている。

南京虫として知られる虫は、正しくはトコジラミと言われる種類であり、正真正銘カメムシの仲間である。人の血を吸って生活する衛生害虫である。戦後、姿を消したこの虫も、最近になってにわかに増えている（90ページ参照）。

松林やその林縁に生活するサシガメ科のヤニサシガメでは、モンカゲロウ、カワゲラ類、マツオオアブラムシ、マツカレハ、ミツクリハバチ、マツノミドリハバチ、マツノキハバチ、マツノシラホシゾウムシ、アサマルハナノミ、ムツボシテントウ、それにユスリカやイエバエの仲間など、広範囲にわたって捕食していることが明らかになっている。捕食性のクチブトカメムシやサシガメ類の口器は、短く太く強健な構造になっている❻。野山では、口吻を獲物に刺し込んだり口の先端に獲物をぶら下げたりした個体も見ることができる❼。明らかに、植物を吸っている口吻とは違うので

6 サシガメの口吻

7 カメムシを捕食するヨコヅナサシガメ幼虫

8 アカマキバサシガメ 10ミリ

ある。

細長い形状のアカマキバサシガメ8、ベニモンマキバサシガメそしてハラビロマキバサシガメなどマキバサシガメ科の種も植物上で生活する捕食性の種である。

地面で生活するクロモンサシガメやクロサシガメはよく見かけるサシガメであるが、うっかり素手でつかまえようものなら、鋭い口吻で一刺しということになる。瞬時の痛みは思わず悲鳴をあげることになる。しばらくその痛みは消えない。それほど捕食性カメムシの口吻は頑健で鋭いのである。

くさいだけではない「におい」の秘密

数多い昆虫の中には、おもしろい習性をもつものがいる。なかでも刺激を受けるとにおいを放つという行為を身につけた昆虫がいる。カメムシ以外でも、ゴミムシの仲間であるミイデラゴミムシやコホソクビゴミムシなどは、敵に会ったり捕まえようしたりすると腹の先端から白いガスを噴射する。この時一緒に、結構大きな音も発するという変わり種である。テントウムシの仲間も、攻撃を受けると、脚の関節から黄色い特有のにおいをもった液体を放つことはよく知られている。これが手に付くと、なかなか落ちない。

においを放つ昆虫と言えば、やはりカメムシを忘れることはできない。カメムシと言えば、くさいにおいを放つ虫と言うことでヘコキムシ、ヘッピリムシ、ヘクサムシをはじめ各地でさまざまな俗称がある。いずれもカメムシにとっては嬉しい呼び名ではない。確かににおいは強く、しかも手についたにおいは少しぐらい洗っても落ちない。ところでいったいあの強烈な臭いは、どこからにおうのだろうか。

9 カメムシ（アオクチブトカメムシ）の臭腺開孔部

多くのカメムシは、体内に、臭腺と呼ばれる管状の分泌腺があり、胸にある貯蔵のうに蓄えられ、その端が腹面中脚の付け根の左右に一対開いている9。胸に存在することから後胸腺とも呼ばれている。この孔の付近には、においを気化し拡散する蒸発域の存在が明らかになっている。臭腺の開孔部の形は、種類によって微妙に異なっていることが分かっている。おもしろいことに、幼虫時代にはこの小さな孔は、背面に開口しているので背板腺と言われる。幼虫と成虫とでは、体内で生成されたにおいのもととなる液体の放出口はその場所が異なっているのである。

しかも科によって、この背中の開口部の数や位置は違うのである。たとえばホシカメムシ科、マキバサシガメ科、それにトコジラミ類に属する種は、第四・五・六番目の体節の背中に各一個認められ、ツチカメムシ科、カメムシ科、キンカメムシ科、ツノカメムシ科などの種は、第四・五・六番目の体節の背中に各一対あわせて六個開口している。ヘリカメムシ科やイトカメムシ科では、第五・六番目の体節の背中に各一個、カスミカメムシ科に至っては第四番目の体節の背中のみに一個開口しているといった具合である。

では、このにおいはどのような役目があるのだろうか。野外での経験から、カメムシは外から刺激を与えない限り自らにおいを放つことはない。

これまでの研究では、集合フェロモン、外敵からの防御物質、仲間への警報フェロモンとして重要な働きをすることが明らかにされている。ある種では、外敵が攻撃してくると、臭腺の孔から多量の分泌液を細かい水滴状にして放出し、攻撃が片側からの場合はその側の開口部から、両側からの攻撃には両方の開口部から液体を放出するという。こうした事実から、外敵への攻撃物質あるいは忌避物質として作用していることが伺える。アブラナ科植物に生活するナガメ⑩やヒメナガメでは、幼虫は急激な多量の放出で集合個体の分散が起こり、緩やかに少量の放出では、分散個体の集合が見られるという研究結果もある。

このことから同じにおいでも、集合の合図と分散の合図に役立っていると言うことである。仲間同士のフェロモンとして重要なコミュニケーションの役割を果たしているのである。幼虫の背中に三対の開口部をもったカメムシ科などのカメムシでは、においを放つ孔の位置により防御物質や集合フェロモンなど働きの違いにより使い分けされている可能性があるという。

次にこのにおいの成分である。においの成分は種によって違いが認められている。少々難しい有機化学の話になるが、これまでの研究では、においは単一の化合物から由来するものではないようである。カメムシ科のミナミアオカメムシでは、一八種の物質が含まれていることが分かっている。ブチヒゲカメムシやエゾアオカメムシ近縁種では、割合に違いがあるもののヘキサナール、オクテナール、デセナールなどのアルデヒド類が分析さ

⑩ アブラナ科植物に生活するナガメ　9ミリ

11 強烈なにおいのオオヘリカメムシ 23ミリ

れている。これらは、カメムシのにおいの主成分として知られている。

オオヘリカメムシ11のように、においの強烈な種が多いヘリカメムシ科では、ヘキサナールとエステル化合物が、カメムシ科ではヘキサナールとオクソヘキサナールそして炭化水素が見つかっている。ヘキサナールはダイズや草などの植物成分としても検出されている青臭いにおいの原因物質であるが、カメムシのにおいがこうした植物から吸収されたものが体内で濃縮貯蔵されているものなのか、体内で合成されているものなのかは定かではない。

臭気成分の中でカメムシ科から確認される炭化水素は揮発しにくい性質があり、また、ヘキサナールやオクソヘキサナールなどの揮発性の高いアルデヒド類を保持する働きがあることが分かっている。確認されている炭化水素は、アルデヒド類をうすめて体の表皮の上を滑らかに拡散させる溶媒の役目があることも明らかにされている。ヘリカメムシには、炭化水素は見つかっていないが、ヘキシルヘキサノエート（ヘキサン酸ヘキシル）などのエステル類が見つかっていて、これらのエステル類が溶媒の役目をしていると言われている。カメムシのくさいにおいに含まれるヘキサナールは、これまでの研究から外敵に対しての防御物質の働きが、集団の中の個体に対して危険を知らせ分散させる警報フェロモンの働きがあることが明らかにされている。

しかし、このにおいは、外敵だけでなく自分に対しても危険で、容器に入れたカメムシに臭気を放つ他の個体を入れると間もなく死んでしまうのである。シャーレ内の濾紙にアルデヒドのデセナールを数ミリグラム染みこませ、トビイロケアリ三〇匹を入れた実験では、一時間以内に全個体が死亡したという。

カメムシは、通常は刺激を与えない限りにおいを放つことはないが、カメムシ自慢のこのにおいの武器も一歩間違えば、自爆につながりかねないが、カメムシ特有のにおいは、配偶行動や警報、集合などのコミュニケーションツールとして重要な役割を果たしているのである。カメムシのにおいは、単にくさいだけではなく深いわけがあるのである。

サナギにならず変身する巧みな生活

カメムシは、一生の間に卵、幼虫、成虫へと変態して成長する。完全変態をする蝶や甲虫類とは異なり、サナギの時代はなく幼虫と成虫とで体のつくりに大きな変化が見られないことから、厳密には漸変態（ぜんへんたい）と呼ばれる。カゲロウやカワゲラ、トンボなどの仲間も、サナギの時代はないが、幼虫時代に水中生活をし、成虫になると陸上生活となり、幼虫と成虫の体には著しい変化が見られるので、こちらは半変態と呼ばれている。漸変態や半変態は、完全変態に対して不完全変態と呼ばれている。

カメムシは不完全変態をする昆虫である。陸上から水中にまで幅広い環境に適応したカメムシは、不完全変態をする昆虫の中で最も繁栄に成功した昆虫である。くさい虫カメムシは、想像を超えた適応力をもったすごい虫である。

卵からふ化すると脱皮するたびに齢期を増し、幼虫時代に多くのカメムシは、四回の脱皮を繰り返す b。つまり、ふ化した幼虫は一齢幼虫、一回目の脱皮をしたものを二齢幼虫、幼虫時代最後のステージの幼虫は、終齢幼虫と呼ばれる。カメムシの多くは、幼虫時代は五齢幼虫までである。つまり、カメムシは、卵からかえり五回の脱皮をして成虫になるのである。幼虫の最後の脱皮は羽化と呼ばれ成虫に変身する時である⑫。

一般的には、幼虫と成虫は体の形状がよく似ていることも特徴である⑬。

陸生カメムシ類の大部分は、幼虫期は五齢までであることが分っている。特異

b カメムシ（ヤニサシガメ）の卵と幼虫

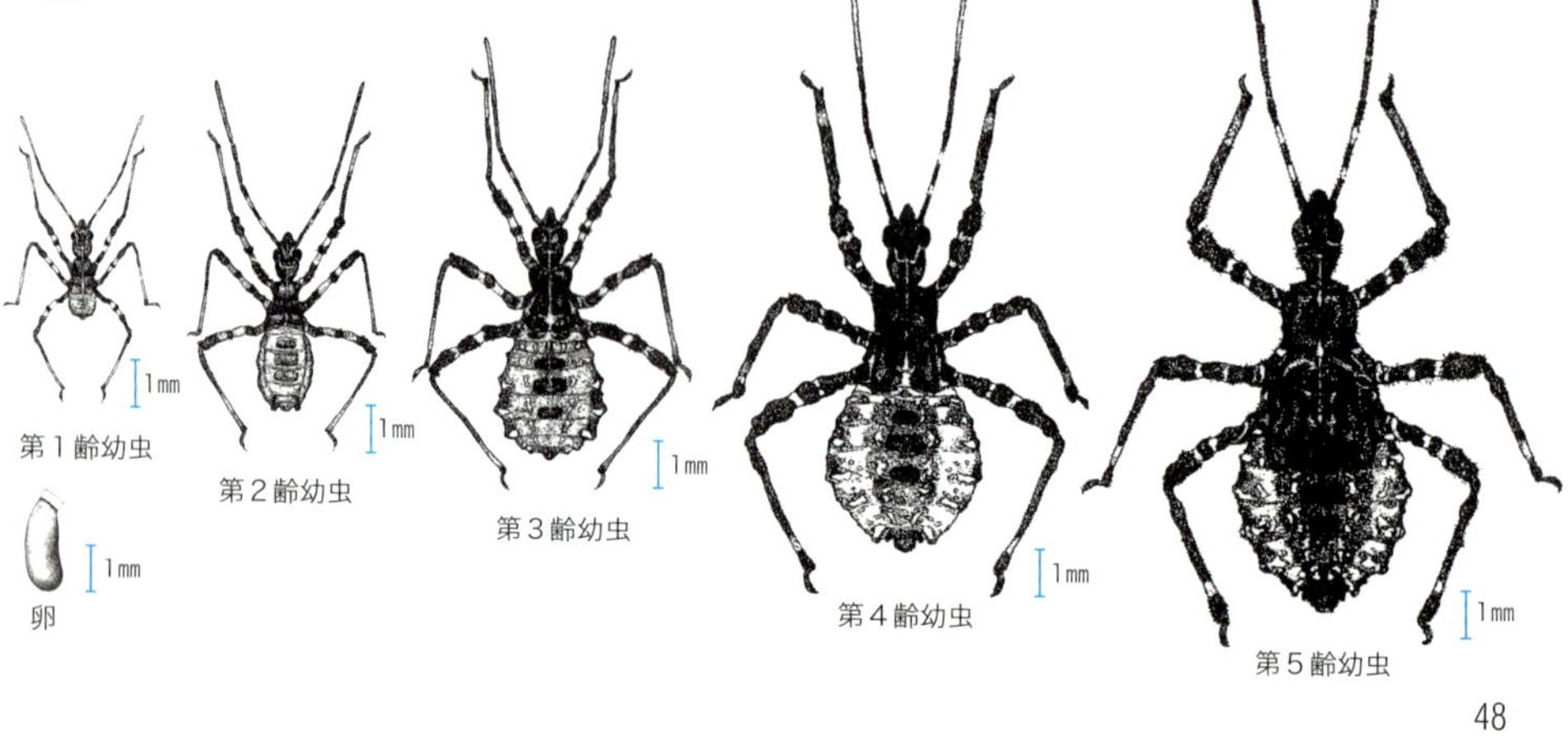

12 カメムシ（ナガメ）の卵・幼虫（上段右から）と羽化・成虫（下段右から）

13 カメムシ（アカスジカメムシ）の幼虫（右）と成虫（左）

的な例として、ノコギリカメムシは、幼虫期は四齢が終齢で、四回の脱皮で成虫になることが知られている。

蝶や蛾のように幼虫時代の毛虫や芋虫がサナギの時代を経て、成虫へと劇的な変身をするのとは違い、その変身ぶりは地味である。完全変態する昆虫とは異なり、ふ化後の幼虫は常に餌となる食物をせっせととりながら脱皮を繰り返し成長し続けるのである。そして、やはり不完全変態をするバッタやコオロギ同様に幼虫、成虫ともに同じものを食べて生活していることも特徴の一つである。

集団交尾は戦略的な知恵？

昆虫は、本能的に生きている間に自分のDNAを次代に残すという大仕事がある。カメムシもこのために、両性生殖による繁殖行動をとることは言うまでもない⑭。数多くのカメムシの中で、集団生活をする種は珍しくないが、ヘリカメムシ科のオオツマキヘリカメムシは、集団で交尾をするという昆虫の中でも珍しい習性をもつカメムシである。

ヘリカメムシの仲間は、細長い体形のカメムシで、オオツマキヘリカメムシは、日本各地に分布する体長九ミリから一一ミリの黒褐色の地味なヘリカメムシで、初夏の頃から野山に生えるアザミ、キイチゴ、イタドリ、ゴンズイなどの植物の茎に群生している。とくに各地の山野に自生するタデ科のイタドリやミツバウツギ科のゴンズイでは、株もと付近の薄暗い場所に群がることが多い。これが、全ての幹や茎ではなく限られた茎に、尻あわせの格好で交尾した個体が上下反対方向に向いてに静止している⑮。集団での交尾なのである。手を出したりして刺激を与えると、一斉に慌てて落下する者や交尾のまま、どちらか一方に歩き回る個体の姿が見られる。

よく似た別種のツマキヘリカメムシも、タデ科のスイバや灌木上によく見られるヘリカメムシである。こちらも集団で生活することが多いがオオツマキヘリカメムシより一回り小さい。オスの生殖節先端にこぶ状の二つの突起が、オオツマキヘリカメムシには見られるが、ツマ

⑭ ブチヒメヘリカメムシの交尾後の産卵

7ミリ

15 オオツマキヘリカメムシの集団交尾 10ミリ

キヘリカメムシにはそれがないことと、前翅の膜質部がツマキヘリカメムシは網目状になっていることで区別ができる。

　このオオツマキヘリカメムシは、野外ではいつ見つけても交尾中のような気がする。それほど交尾個体が多く、しかも、集団交尾に加えて、その交尾の継続時間が本当に長いのである。交尾を始めたら二・三日は普通である。交尾の間、そのまま寄主植物に口吻を差し込んで養分を吸いながら過ごし、外敵がじゃまをする時は、においを放ち撃退するのである。ある観察では最長九日間連続で交尾に時を費やしたという驚異的な報告もあるほどである。いくら昆虫とは言え、これだけ長い時間ぶっ通しで交尾を続けるのは想像を超えた、強い意志と体力のいるタフガイな行為である。

　集団交尾はオオツマキヘリカメムシにとって、どのような意味があるのだろうか。オオツマキヘリカメムシでは、交尾時間が数時間あればオスの精子はメスに伝わるということが分かっている。昆虫はメスが何度も交尾をする場合、最後に交尾したオスの精子が受精に使われると言われている。こうしたことから、オスは、メスが他のオスと交尾をしないようにメスと長時間の交尾姿勢を続けていることが考えられている。オオツマキヘリカメムシの集団による長時間交尾は、オスが自分以外のＤＮＡをメスに伝達させないための戦略的な行動であるという研究もある。

　同じヘリカメムシ科の普通種ホオズキヘリカメムシがいる。この種は、ホオズキなどナス科やヒルガオ科の植物に生活する普通種である。やはり集団でいるのをよく見かけるが、その集団はメスによって集団化され、オスがなわばりをもち、寄主植物の株ごとに行動範囲を設け、お互いに退けあっていることが分かっている。群がるメスを独占しながら交尾を繰り返すのである。ホオズキヘリカメムシのオスはハーレムをつくっているのである。この交尾行動は、集団の中にオスとメスがペアになって生活するオオツマキヘリカメムシの行動とは明らかに違っている。謎の多い不思議なヘリカメムシの習性である

子育てに励むカメムシ

昆虫は、体が小さく翅をもつことにより移動が可能となり、さまざまな環境に適応し繁栄してきた。しかし、子育てをする高等動物とは違って、産みつけられた多くの卵から成長し、成虫になることができる個体はほんのわずかである。それは、成長の間に、寄生蜂や鳥などの天敵に襲われたり、厳しい自然の影響を受けたりして、さまざまな物理的な障害などから大部分の卵や幼虫は死んでしまうからである。

昆虫の世界では、基本的には、親は子どもに無関心であることがほとんどであるが、なかには人間も見習うべき子育てをする習性をもつものがいる。

最も高いレベルの例として、集団生活の住居となる巣をもち、仕事の分業化が見られ社会性の発達が想像以上に認められる高度な社会組織を形成するというものである。自分の産んだ卵だけではなく、集団の中で、共同作業で保護し、餌を与え幼虫を育てるという哺育行動をとるのである。ハチやアリそしてシロアリの仲間ではよく知られているもので、これらの昆虫類は社会性昆虫と呼べるものである。

ハチやアリまでとは至らないが、親の子どもへの配慮行動として、カマキリの卵のうのように卵を分泌物で覆うもの、ゴキブリの卵鞘のように卵をサヤ状の袋に入れて産み落とすものも自然災害や物理的な障害から守る習性と言える。また、多くの昆虫に見られるように、メス成虫がふ化した幼虫のために餌となる植物の葉や、それぞれに適した食物環境を考慮して産卵する習性も哺育行動とされている。

哺育行動で、母親であるメス成虫が産卵した卵を直接守るという保護習性は、クヌギハサミムシ科のメスにも見られ、土中に掘った穴の中で卵をなめまわし、カビから防ぐほか、状況により卵を移動させたりするなどの行動をとることが知られている。

さて、カメムシではユニークな例とし

16 背中に卵が産みつけられた
オオコオイムシのオス 25ミリ

て、メスがオスの背中に産卵をするという水生カメムシのコオイムシとオオコオイムシが知られている⑯。越冬した成虫は、春、交尾を済ませるとメスは、オスと同じ方向に背中に乗り、中脚と後脚でオスの体を抱え、産卵管の先端をオスの背中につけて産卵を始める。ある程度の卵が産みつけられると、メスは向きを変えて産卵を続ける。オオコオイムシでは、卵の数が少ない時には、メスがオスの背中に、追加産卵が行なわれることも知られている。

　オスは卵を背負ったままほとんど餌を摂らずにひたすら卵を保護し続ける。この間、オスは時々水面上に出てきて卵を空気にさらす行動が見られるが、酸素補給をしていることが考えられている。試しにオスの背中から剥がした卵を水中に放置した場合はふ化が認められないという。こうしてオスが背負った卵は、初夏の頃、一齢幼虫が一斉にふ化するのである。

　日本に分布するカメムシ目昆虫で最大のタガメも、コオイムシやオオコオイムシ同様に、オス成虫は幼虫がふ化するまで卵を保護する習性をもっている。水中で繰り返し交尾をしたオスは、水面に出ている植物や杭などに、メスを誘い交尾を行なう。メスは、産卵場所が決まるとアワを出しながら産卵を行なう。途中で、水中に控えていたオスが上がってきて再び交尾をし、再び産卵が始まる。こうしてタガメは、交尾と産卵を繰り返しながら一〇〇個程の卵を産む⑰。産卵を終えると、水中に潜るメスと入れ替わりにオスが産卵場所に上ってきて卵塊に覆い被さり子育てが始まる。

　卵はおよそ一週間から一〇日でふ化するが、この間オスは外敵から守りながら、卵を盛んに水で濡らして守るという。極めつけは、ふ化した幼虫が、まるでかけ声がかかったように一斉に水面にダイビングをするのだという。これは、一匹一匹だと、水中で待ちかまえる天敵に次々に食べられてしまうからだと考えられている。

　陸生カメムシでは、ツノカメムシ類に卵保護の習性が知られている。これらは、水生カメムシと異なり、いずれの種もメス成虫が産んだ卵を守るのである。ツノカメムシで卵保護の習性をもつものは、これまでに、オオツノカメムシ、ヒメツノカメムシ、アカヒメツノカメムシ、セ

⑰タガメの卵

18 エサキモンキツノカメムシ 12ミリ

グロヒメツノカメムシ、エサキモンキツノカメムシなど七種で確認されている。このうち秩父地方で保護習性がよく観察されるのは、ヒメツノカメムシとエサキモンキツノカメムシ⑱である。

体長九ミリ程のヒメツノカメムシは、ヤマグワのほか川べりのフサザクラの葉裏などで、メスが腹下の卵塊に覆い被さって保護する。エサキモンキツノカメムシも主にミズキの葉裏で卵を守る姿が確認できる。ヒメツノカメムシは、年二回発生し、エサキモンキツノカメムシは年一回の発生である。両種ともに成虫で冬を越す。

ヒメツノカメムシの場合、メス成虫によって保護され、卵塊の保護のみならず、ふ化した一齢幼虫は移動することなく卵塊に集合したままで母親の保護を継続して受けるのである。これまでにもヒメツノカメムシに関する観察例の報告は少なくないが、二齢幼虫になって初めて親の腹下から移動する姿が見られ、一列になって餌となる実を探して歩行し摂食する。夏、ヤマグワやフサザクラの葉裏をのぞき込めばじっと卵を守るツノカメムシに会うことができるはずである。この時、親によっては、幼虫に付き添って行動する姿も見られるかも知れない。ヒメツノカメムシの母親は、手厚い育児をしているのである。ツノカメムシの卵保護は、外敵からの保護であり、寄生蜂やアリなどの侵入には、母親は体を低くしたり、外敵の方向に背中を向けたり、時には翅を広げてはばたいたり、さらには最後の手段である悪臭を放ち、敵から子どもを守るのである。

卵を守るカメムシは、ツノカメムシのほかに、ベニツチカメムシやミツボシツチカメムシでも知られている。両種ともに地中に産卵室を設けて保護する習性が知られている。ベニツチカメムシは親自体が強い集合性をもつ種であり、メスは産み落とした卵を後脚を使って卵塊にし、産卵室で卵塊を体で覆うのである。そして、幼虫が生まれると、餌となる木の実を運んで与える習性があるという。ミツボシツチカメムシも春、ホトケノザやヒメオドリコソウがたねをつける頃に植物上によく見られる種で、たねが落ちると地上生活する。二齢までは幼虫の集合性が強くそれ以降は弱くなるという。

こうしたカメムシ類の子育ての保護習性は、元東京農業大学の立川周二博士によって詳しく研究されている。博士によれば、親が自分の子の生存と発育を助長させるために直接的に働きかける保護行動や配慮行動、哺育行動などの産卵後の親の行動は、亜社会性行動と呼ばれ、社会性の進化の過程における親と子の家族的関係であると考えられるという。

コラム

背中にハートマークをもち卵を守る
エサキモンキツノカメムシ

数多い昆虫の中にはいろいろ個性的な模様をもつ者がいる。色彩はもちろん、模様や斑紋は、昆虫の種を分ける大きな特徴となっている。ツノカメムシ科のエサキモンキツノカメムシは、偉大な日本の昆虫学者、江崎悌三博士の名を奉献したものである。

エサキモンキツノカメムシは、体長一〇から一四ミリ程のカメムシで、ツノカメムシの中にあっては中形種である。体は緑色をまじえた茶褐色で、両肩の側角と呼ばれる外側に突き出た角は黒色をしている。背中には小さな黒色の点刻が密に見られる。そして前翅の基部に挟まれた小楯板と呼ばれる三角形の大部分を覆う大きな黄色の紋は、何とハートの形をしている。これほど明瞭なハート形の紋はほかの昆虫では見られない大きな特徴である。

エサキモンキツノカメムシは、北海道から九州に分布し、平地から山地によく見ることができる。よく似た種にモンキツノカメムシという同じ大きさのツノカメムシがいるが、こちらは北海道を除く地域に生息している種である。個体数も少ない。形態上の最大の違いは、モンキツノカメムシの背中の黄色い紋が、エサキモンキツノカメムシにみられるような黄色紋の前縁に切れ込みがなく、ハート形でなく丸みを帯びていることである。このことからモンキツノカメムシは、マルモンツノカメムシとも呼ばれてきた。この二種は古くは、混同されモンキツノカメムシとして扱われてきたのである。モンキツノカメムシの学名は一八七四年に記載され、その後、カメムシ研究の大御所長谷川仁氏によって別種としてエサキモンキツノカメムシの学名が決定されたのは一九五九年のことである。

エサキモンキツノカメムシは、樹上生活者でミズキ、ハゼノキ、コシアブラ、ウド、カラスザンショウ、ケンポナシ、フサザクラ、アカシデ、ヤマウルシ、ヌルデなど多くの樹木の葉裏に見られるが、最もよく見られるのはミズキである。成虫は十一月頃より越冬場所のスギやヒノキなどの樹皮下や朽木、落葉間、時には家屋内に侵入し冬を越す。越冬した成虫は、初夏に交尾をし、ミズキの開花期の五月中旬頃から飛来しミズキの実ができる六月の頃、メス成虫はミズキの葉裏に、七〇から八〇個の卵を産みつけ、その卵塊に覆い被さりじっとしている姿が見られる。このようにエサキモンキツノカメムシのメスは卵保護の習性をもつカメムシで、ふ化した幼虫は六月下旬から見られ、八月に入ると新成虫が出現する。

ハートマークを背負ったエサキモンキツノカメムシのメスは、母親として自分の産んだ卵を守るという「使命」を背負ったカメムシなのである。

カメムシたちの冬越し

カメムシも晩秋からさまざまな場所に潜入し、冬越しを迎える。カメムシは不完全変態昆虫であることから、サナギの時代はなく、越冬も成虫や幼虫、あるいは卵のいずれかの状態で行なわれる。

カメムシの多くの種は成虫で冬を越すものが多い。越冬場所もさまざまで、樹皮下や樹皮間などの樹幹、朽ち木、枝葉の密生した中など植物に依存して越冬するもの、枯れ草や石の下、わらなどの堆積物の中、土中、落葉下で冬を越すもの、そして山小屋、納屋、倉庫、事業所、家屋などの屋内越冬するものなどである。なかでも、建物の中で冬を越すカメムシは多い。秩父地方でも、十月下旬から晩秋にかけて、小春日和の暖かい日には軒先を飛び交うクサギカメムシをみることができる。室内に侵入するカメムシで、秩父地方の山間の家では以前には毎朝ほうきで掃き出す家さえあったほどである。

決死の覚悟で冬越しをするカメムシにとっては、寒い冬は部屋の中が一番と言うことである。こうした施設や建造物などを利用して冬越しをするカメムシは、山地性の種に多く見られる。クサギカメムシ19、オオトビサシガメ20、スコットカメムシ21、ナカボシカメムシなどは成虫で屋内越冬する常連である。

19 室内で越冬・活動するクサギカメムシ 16ミリ

やはり室内に侵入し、冬越しをするテントウムシと混生する光景も結構見られる。温泉旅館でも、季節になると客室に飛び込むカメムシを防ぐために、網戸を開けないようにと注意書きしてあるところや部屋に飛び込んだカメムシを宿泊客が捕殺するめのガムテープを備えてあるところもある。

20 オオトビサシガメ 27ミリ

21 スコットカメムシ 10ミリ

22 ヨツモンカメムシ 16ミリ

成虫で屋内越冬するカメムシは、屋内の屋根裏、押入、たたみ裏、腰板、衣類や布団の間、物置の収納物の間などの隙間にもぐり冬を越す。とくに暖房の効いた部屋の中では活発に動き回るものさえいる。屋内で越冬するカメムシにとって雨風をしのぎ、しかも暖房が効いているとあっては、これほどありがたい越冬場所はない。

厳寒期に群馬県のある古民家風の温泉で暖房の利いたロビーの中を動きまわるクヌギカメムシ科のヨツモンカメムシ22のまとまった個体を採集したことがある。夏の出現期でもめったに採集できない珍しい種である。カメムシの採集や観察は冬でもその醍醐味が味わえるのである。

幼虫での冬越しは、サシガメ科のヤニサシガメ、ヨコヅナサシガメ、クロモンサシガメ、キンカメムシ科のアカスジキンカメムシ、クヌギカメムシ科のナシカメムシなどの種があげられる。このうち、ヤニサシガメは、松の樹皮間などで集団で23、ヨコヅナサシガメは、ソメイヨシノやクヌギの樹皮間やうろ（空洞）でやはり集団で冬を越すことで知られている。

卵の状態で冬を越す種は、クヌギカメムシやヘラクヌギカメムシなど限られている。秋にクヌギやコナラ、ミズナラ、カシワなどの樹幹に、長くひも状のゼリー状物質に包まれた卵塊を産みつける。春、ふ化した幼虫は、このゼリー状物質を餌として吸収するのである。関東地方では五月になれば、樹幹を元気に歩き回る羽化間近の幼虫を見ることができる。

23 幼虫で越冬する樹皮間のヤニサシガメ 23ミリ

驚くべきヤニサシガメの冬越しの工夫

コラム

ヤニサシガメの冬越しについて詳しくのぞいてみると、おもしろいことがわかる。松林での厳しい冬を乗り越えるための工夫が見られるのである。

樹上の高所で生活していたヤニサシガメの幼虫は、九月から十月にかけて五齢幼虫となり、外気温の低下とともに次第に樹幹を下り樹皮の間や樹皮下に集団が見られるようになる。厳冬期には、越冬幼虫の大部分は松の根もと付近に集まる傾向が見られる。秩父地方の六四本からなるアカマツ林で調べた結果、越冬期にはヤニサシガメの五齢幼虫は日当たりのよい南側に生える松を中心に幼虫が見られる。

次に、幼虫が越冬していた越冬方位を調べてみると、大部分は、北側の樹幹面にいるのである c 。調査したアカマツ林では、およそ六二パーセントが北側を中心に越冬していた。このことは、南面は、日中の気温が高くなるものの、夜間は急激に低下するのに対して、北面は南面に比べ日中はそれほど高くならないが、夜間の気温との日格差が少ないことからではないかと考えられる。

さらに、越冬している高さについてみると、大部分は、地上高二〇センチ以下の位置に見られ、全体の八一パーセントの幼虫は、一〇センチ以下の位置で越冬していたのである d 。ヤニサシガメの五齢幼虫は、体にヤニ状粘着物質を装うことから、細かい土や葉片をつけて、しかも体を寄せ合いながら集団で越冬する傾向が見られる。越冬位置が高いところで越冬する個体ほど単独で越冬している。

ヤニサシガメは越冬期になると、次第に越冬樹木の根元付近に集まり、できるだけ集団で身を寄せ合って厳しい寒さを乗り切る工夫をしているのである。

c ヤニサシガメの越冬方位

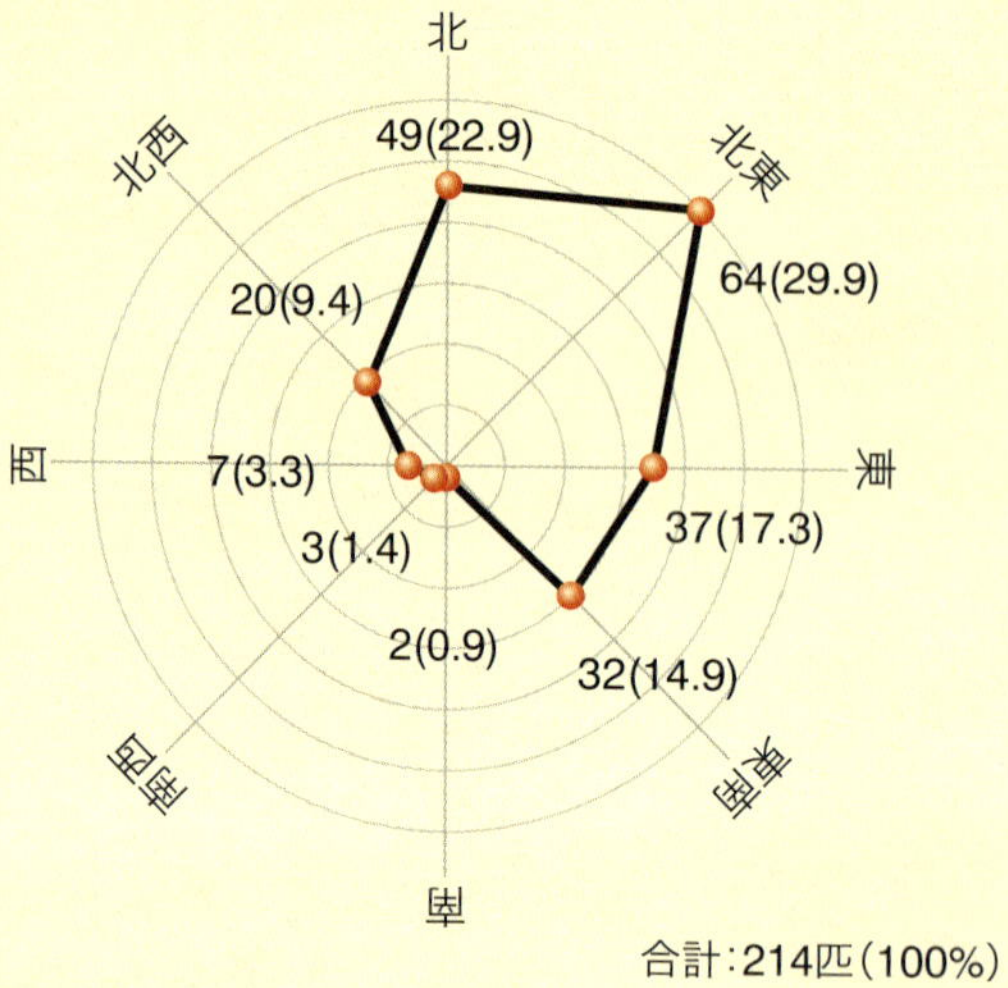

d ヤニサシガメの越冬高さ

宝石のように美しいカメムシ――キンカメムシの仲間

くさい虫としてとかく嫌われもののカメムシであるが、そのなかには美しい色や形をもつものも少なくない。カメムシの中で美しい色彩をもっているのは何といってもキンカメムシ科に属するカメムシである㉔。金属光沢の派手な色彩に加え、小さくても一センチ程で、多くは一五ミリから二〇ミリの大きさで、存在感のあるカメムシである。和名に「キン」とついているように、ほかのカメムシとは違う気品漂う「キンピカ」カメムシなのである。

キンカメムシの仲間は、背中の前翅の基部に挟まれた三角形をした小楯板と呼ばれる部分が、背中全体を覆うように発達している。腹部末端まで達し腹と前翅を覆い隠している。こうした特徴は、マルカメムシも同様で小楯板が発達している。

もともとは熱帯に起源をもつもので、日本産は一〇種が知られている。このうち沖縄地方には、アカギカメムシ、ナナホシキンカメムシ、ハラアカナナホシキンカメムシ、ミヤコキンカメムシ、オオキンカメムシ、ミカンキンカメムシ、ラデンキンカメムシの七種が分布している。

初めて沖縄に採集に出かけて、金緑色に輝くナナホシキンカメムシが、トウダイグサ科のカキバカンコノキの葉裏で群生していた様は忘れることのできない光景である。興奮しながら次から次へと、においを忘れて手に採っていたことを思いだす。外観は全く同じで腹面の中央部が紅色となっているのは、別種のハラアカナナホシキンカメムシで

㉔ 美しい色彩をもつキンカメムシの仲間

25 オオキンカメムシ
25ミリ

ある。やはりカキバカンコノキを寄主とするミヤコキンカメムシは、やや小形の種であるが、ハイビスカスの葉上にも生活する。きれいな花にきれいな昆虫がつくものだと、目にするたびに自然の不思議さを感じる。両種ともに、標本にすると黄金色が抜けてしまうのがもったいない。

八重山諸島では、トウダイグサ科のアカメガシワの花穂に群がる大型のアカギカメムシの集団も圧巻である。紅色から黄色がかった個体まで色彩の変化が大きい種で、背中の黒色斑紋もさまざまである。幼虫と成虫がこのアカメガシワで生活している。ナナホシキンカメムシやアカギカメムシは冬期、成虫が集団で葉裏などに塊になって冬を越すことでも知られる。

センダンを寄主植物としているのがミカンキンカメムシである。石垣島と西表島から生息が確認されているが、台湾ではミカンの害虫となっている。

オオキンカメムシ㉕は、二五ミリに達する日本産では最も大きなキンカメムシで、関東から南の海岸の暖かな地域の照葉樹林で生活している。赤みがかった橙色に黒色斑紋と紫の光沢がある。アブラギリの害虫としても知られている。私がオオキンカメムシと初めて対面したのは、三〇年前の大晦日、黒潮暖流が寄せる足摺岬のヤブツバキ原生林でのことである。葉裏に集団で冬を越すオオキンカメムシの姿は、今も鮮明に記憶に残っている。飛翔力が強く、北海道や東北でも採集されていて、埼玉県でもこれまでに二個体が記録されている。

関東地方に分布するキンカメムシは、アカスジキンカメムシとニシキキンカメムシそしてチャイロカメムシの三種である。温帯域に見られる種である。このうち、一般にキンカメムシと言ったら馴染みのあるアカスジキンカメムシである。二〇ミリ近いカメムシで、光沢のある金緑色の地に赤色の帯状紋をもった美しい種である。「歩く宝石」と言われるほどである。丘陵から山地にかけて生活し、ミズキ、フジ、キブシ、ヤシャブシ、ウルシ、クヌギ、エゴノキなどの落葉樹のほかスギやヒノキにも生活する。幅広い植物から吸収している。五齢幼虫で樹皮下や落葉間などで冬を越すが、頭、胸と腹の背面中央は黒褐色、周囲は白色で特徴のある幼虫である。初夏に羽化し新成虫が現れる。白黒の半球状をした虫が、いったい何の幼虫なのか不思議に思った人も多いはずである26。幼虫は、時々群れをつくることがあり、羽化後の成虫も植物上に群がることがある。年一世代である。若い幼虫の口吻は非常に長く腹部の末端を超えるほどである。

ニシキキンカメムシもアカスジキンカメムシと同じ属の近縁種でよく似た種である。金緑色に波状の紫赤色の帯紋が明らかなアカスジキンカメムシを上回る美しい種である。本州、四国、九州に分布するが、個体数はアカスジキンカメムシに比べてはるかに少ない種である。ツゲ、イワフジ、ヤマフジ、ウツギなどの実や種子から吸汁するという。野外では一度も出会ったことのないカメムシで、いつかは会いたいカメムシの一つである。

チャイロカメムシは、キンカメムシの中にあっては、赤みがかった茶褐色の種でキンカメムシらしからぬ地味な種である。やや湿った環境に生えるカモジグサやチガヤ、チカラシバなどに生活する。

キンカメムシのニューフェイスは、最近になって明らかにされたラデンキンカメムシである。これまで日本の分布リストにはなかった種で、体長二〇ミリ前後の金緑色の地に太い黒色の条状斑紋のある細長いキンカメムシである。沖縄本島南部から急速に分布を拡大している美しい種である。

26 アカスジキンカメムシの幼虫（上）と成虫（下）　19ミリ

赤い色が似合う

ホシカメムシの仲間

コラム

ホシカメムシの仲間には、オオホシカメムシ科とホシカメムシ科の二つの科が含まれる。日本に分布するものは少なく一五種程である。オオホシカメムシ科では体長一二ミリのヒメホシカメムシと、体長二〇ミリ近くの大形種オオホシカメムシである。どちらも赤みがかった褐色で大きさを除けばよく似ている。背中には大きな黒色の丸い紋をもっているのが特徴。地表に落下した草の実や木の実から吸汁したりするがトウダイグサ科のアカメガシワなど植物上での生活も見られる。標本を見ているとヒメホシカメムシは、沖縄など南のものほど赤味が強い傾向がある。

埼玉県内のある休耕田を調べている時に観察した、繁茂するセイダカアワダチソウ群落の黄色に染まった花穂の中にいた赤色のオオホシカメムシの姿は、黄色と赤のコントラストが美しい見ごたえのある光景であった27。

ヒメホシカメムシ、オオホシカメムシともに灯火によく集まる種で、白い幕を張った夜間採集では、とくにおびただしい数のヒメホシカメムシに出くわすことがある。

ホシカメムシ科では、体長一五ミリを超えるベニホシカメムシやアカホシカメムシがいる。いずれも鮮やかな赤色で沖縄地方に分布している。オオハマボウやハイビスカスなど庭木などにも生活しているが、とりわけ赤いハイビスカスにはよく似合うカメムシである。鮮やかな赤い大きな花になんでこんなにきれいな真っ赤のカメムシがつくのだろうと考えることしきりである。そして沖縄での採集は、群生するナナホシキンカメムシやこの光景を見るたびに南国だなあと思う瞬間でもある。

やはりオオハマボウやフヨウ、ハイビスカスによく見られるシロジュウジホシカメムシは一五ミリの大きさで脚そして前翅の膜質部が黒色。胸部の背中と前翅の中央が鮮紅色、背中の中央に白色のX紋があるのが特徴である。このカメムシには頭の白いものほかに、赤いものや黒いものも存在していて分類上の研究が待たれるところである。

27 オオホシカメムシ

20ミリ

小さくとも最大勢力——謎多きカスミカメムシ

カスミカメムシは、カスミカメムシ科に分類されるカメムシで、何といっても体が小さく大部分が五ミリ以内で、二〜三ミリの微小種も結構存在する。色彩的には、黒や緑、黄、赤など変化に富み、体の模様もじつに緻密で多様である。小さいながらこれほど変化に富んだ形態をもったカメムシの仲間はほかには見られない。それに加えて、生息環境も草本植物はもちろん、樹木の高い梢、さらにはキノコや苔に生活する者などさまざまで、体が小さいこともあって分類が遅れていたグループである。

体は小さく弱々しく、捕まえても脚がすぐにとれたり触角がもげたり、前翅がまくれたりして、採集や標本作りにも神経を使うカメムシである。普通、吸虫管と呼ばれる採集用具で管を口から吸って虫を管ビンに採集する方法が一般的であるが、迅速に要領よくやらないと飛んで逃げられてしまうことしばしばである。経験と技が求められる。

カスミカメムシ科は、カメムシ目昆虫の中では最も大きなグループで、近年研究者の精力的な努力で急速に解明が進んできている。体が微小で極めて似ている種が多く、分類が容易ではない事が大きな原因でもあった。現在、日本産のカスミカメムシ科は、キノコカスミカメムシ亜科、アオナガカスミカメムシ亜科、チビカスミカメムシ亜科、ツヤカスミカメムシ亜科、カスミカメムシ亜科など八つの亜科に整理され、およそ四〇〇種が明

コラム

カスミカメムシの
名前の由来

カスミカメムシは、ほとんどが単眼をもたないことから、かつては分類上メクラカメムシとして扱われてきた。しかし、体の大きさの割にはしっかりとした大きな複眼を備え、視覚も発達していることから、二〇〇〇年に、カスミカメムシという名前が提唱されて今日に至っている。

カスミカメムシの仲間は極めて動きが俊敏で、見つけてもすぐに葉裏に隠れるほか、ネットで捕まえてもすぐに飛び立つものも多く、体が小さく軟弱な割に素早い。カスミカメムシの名前を提唱したカスミカメムシ研究の第一人者である安永智秀博士らによれば、「動きが敏捷で、捕らえようとすると、まさに雲と霞と逃げ去ること」など、カスミという言葉が特徴を捉えているからだという。これまで観察会などでメクラカメムシという名前の説明に配慮してきたことを考えれば、改称されたことは賢明なことであると思う。

28 アカホシカスミカメ 6.5ミリ

らかになっている。未記載種も多く、さらに一〇〇種程がいるものと推測されている。体は小さいながら、まさにカメムシ界の最大派閥と言える。ほとんどが植物に口吻を刺し込み養分を吸収するが、植物だけでなく、ほかの小昆虫などを食す捕食性の食性をもつ両刀使いがいることもカスミカメムシの特徴である。ツツジに発生する害虫、ツツジグンバイなどのグンバイムシを捕食するグンバイカスミカメは、植物からの吸汁はせず、もっぱら動物質の栄養源で生活する美しい種である。なかには、こうした捕食性の種も少ないながら存在する。

草本性植物では、キク科植物に体長三ミリのシラゲヨモギカスミカメ、全体真っ黒でオスは長翅形で細長く、メスは短翅形の丸形で全く別種と見間違うかのクロマルカスミカメ、三・五ミリ程のヒメヨモギカスミカメ、一回り大きいクビワヨモギカスミカメムシ、光沢のあるシロテンツヤカスミカメなど多くの種が見られる。とくにヨモギ群落には、鮮やかな緑色のツマグロアオカスミカメをはじめ必ずと言っていいくらいカスミカメムシが見られるのである。

29 アカアシカスミカメ 8ミリ

イネ科植物のイネ、トウモロコシ、メヒシバ、エノコログサなどにも多くのカスミカメムシが生活する。日本各地に分布する体長一センチ程で、赤褐色に前翅の両側面はきれいな緑色をしているアカミャクカスミカメ、体長六ミリのイネホソミドリカスミカメは、触角が鮮やかな赤色であることから、これまでアカヒゲホソミドリカスミカメとかベニヒゲホソミドリカスミカメと呼ばれていたものである。

黄緑色をした六ミリ程のアカスジカスミカメは、牧草にも生活し穂を加害する。体調六・五ミリの長い触角をもつアカホシカスミカメもよくみかける28。光沢があり黒と白のまだら模様のマダラカスミカメは、イネ科植物のほかに、カヤツリグサ科植物にも生活する。

次にマメ科植物を見ると、とくにハギの好きなカスミカメムシが多い。ツマグロハギカスミカメは、体長四・五ミリの

30 アカスジオオカスミカメ 14ミリ

淡褐色の種、フタモンアカカスミカメも同じくらいの大きさで体色は光沢のある赤褐色をしている。ただ個体による色彩の変化が多いことでも知られる。

体長八ミリ程の大きなウスアカカスミカメは赤味をもった褐色の種で、ハギの花に生活している。体は褐色で前翅の基部は黄色、革質部の先端に左右大きな黄色の楕円形の斑紋をもつのが特徴である。

触角が太く黒色の背中に金色の毛をもつメンガタカスミカメもハギでよく見られるカスミカメムシである。胸部の背面（前胸背）に左右一対の目玉模様があり、あたかも人の顔のようにも見えることから和名は由来している。四国や九州にはよく似たハギメンガタカスミカメが分布している。

ダイズやアズキなどの農作物にもナカグロカスミカメやブチヒゲクロカスミカメなどの姿が見られ、農作物の害虫としても侮れない。

林床などのシダ植物にもカスミカメムシが生息している。最も普通に見られるのは体長三ミリのズアカシダカスミカメである。シダ植物をネットですくうとまとまって採れることがよくある小さな種である。

山地性のアカアシカスミカメ29は、緑色に赤褐色のすじ状の模様をもつ種。イラクサに多くアザミなどの草に生活している。また、鮮やかな緑に黒いすじ状紋をもつシマアオカスミカメは、さらに山地性でアザミや山地の植物から得られるカスミカメムシである。両種とも美しいカスミカメムシとしてははずせないうっとりする種である。

カスミカメムシの仲間で最も大きいのは、体長が一四ミリに達するアカスジオオカスミカメ30である。六月から七月の頃、山地のカエデなど多くの広葉樹の樹幹などに見られる。赤味の強い個体から真っ黒な個体まで色彩的な変化が強い種である。小昆虫を捕食することもある。

オオモンキカスミカメ31も一センチ近くになる大形カスミカメムシである。山地のヤナギやハンノキなどの樹木に棲んでいる。普通は黒褐色で前翅の革質部の先端にある大きな橙色の紋が特徴である。この種も色彩変異が多く、時には体全体が赤褐色のものも現れる。

31 オオモンキカスミカメ 9.5ミリ

32 セダカマルカスミカメ 6ミリ

初夏のノバラには、セダカマルカスミカメ32の茶褐色の姿が見られる。秩父地方でも時にノバラに群生することがある。日本固有種でもある。また、黄緑色の細長いノイバラホソカスミカメも好んでノバラに棲み、集団でその姿を見ることができる。

各種の樹木にもいろいろなカスミカメムシが棲んでいる。とくに広葉樹にはその種類も多い。ミズナラ、カシワ、クヌギ、コナラ等の枝葉には、細長く繊細な形態のナラオオホソカスミカメ、背中の両側に幅広い黄白色のすじをもつケブカキベリナガカスミカメ、暗褐色の小さなクリトビカスミカメ、新成虫が五月から六月に出現するコブヒゲカスミカメは、オスは黒色でメスでは茶褐色の全く色彩が異なっている。キアシクロホソカスミカメも六月に新成虫が出現する。コナラの葉をスイーピングするとネットに入る種である。比較的大きなオオチャイロカスミカメは、脚と触覚が長いのが特徴で山地に普通に見られる。黄褐色と黒褐色のまだら模様で光沢のあるケヤキツヤカスミカメ33は、冬季ケヤキの樹皮下などで数匹が集まって成虫越冬する美しいカスミカメムシである。

秩父の山で灯火採集をすると、体長八ミリ程の青緑色や褐色をしたオオマダラカスミカメや全体赤褐色をしたトビマダラカスミカメもよく飛来する。山地ならではのカスミカメムシである。

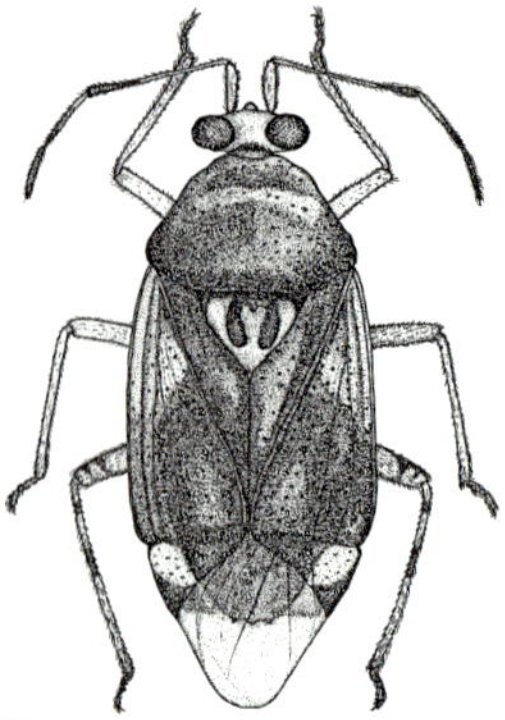

33 ケヤキツヤカスミカメ 4.3ミリ

頭部が前方に突出し、体長三ミリに満たない小さなヒコサンテングカスミカメは、複眼が大きく全体黒色で前翅の外側が赤茶色のカスミカメムシで、アカメガシワ、シデ類などの樹木に生活している。五ミリを超える光沢のある黄褐色のマツノヒゲボソカスミカメは、アカマツに生活しカイガラムシを捕食するという。同じアカマツには、体長五ミリ程のマツヒョウタンカスミカメがいる。胴体がくびれ、頭と胸は黒色で前翅が茶色をしている。そして前翅を横に走る白色の微毛の帯があるのが特徴である。

カスミカメムシは種類の多さから植物群落あるところにはカスミカメムシ在りといっても過言ではない。個体数の多さに加え、何といっても種類が多く、多様な生活様式をもったカスミカメムシの世界は謎が多く興味がつきない。

多様な環境に適応したサシガメの生活

サシガメ科の仲間は、クチブトカメムシと並んで捕食性のカメムシである。つまり肉食系カメムシである。「刺すカメムシ」から由来している。三節からできている口吻は、クチブトカメムシに比べて細い。数ミリの小さいものも知られているが比較的大きな体つきのものが多い。複眼の間に横に走る溝があること、頭が細長く基部が首状に細くなっていることが特徴である。

34 アカシマサシガメ 12ミリ

色彩もさまざまで赤や黄色、茶色そして黒色など変化に富んでいる。何といっても、ほかのカメムシと違ってさまざまな形態をもっている34。細長いもの、卵形のもの、カやガガンボにそっくりなもの、全身に棘をもつもの、毛で覆われるものなどじつに多彩である。

サシガメ科は、体が小さいながら極めて多くの種類がいるカスミカメムシの仲間には及ばないものの、カメムシの中では二番目に種類の多い大きなグループである。世界でおよそ七〇〇〇種、まだまだ新種が数多く含まれているのである。日本にいるサシガメだけでもおよそ一〇〇種近くが知られている。

サシガメ科は、地表から樹上までその生息環境がじつに多様であることが特徴である。落ち葉や堆積物のある地表面には、体長一五ミリ程のクロモンサシガメとクロサシガメがいる。翅が短い短翅型が多く見られるクロモンサシガメの方が多い。水田などの湿った地表面で生活するのは全身黄色のキイロサシガメである。体長二〇ミリに達する大形種である。灯火にも集まる習性があるが個体数は少

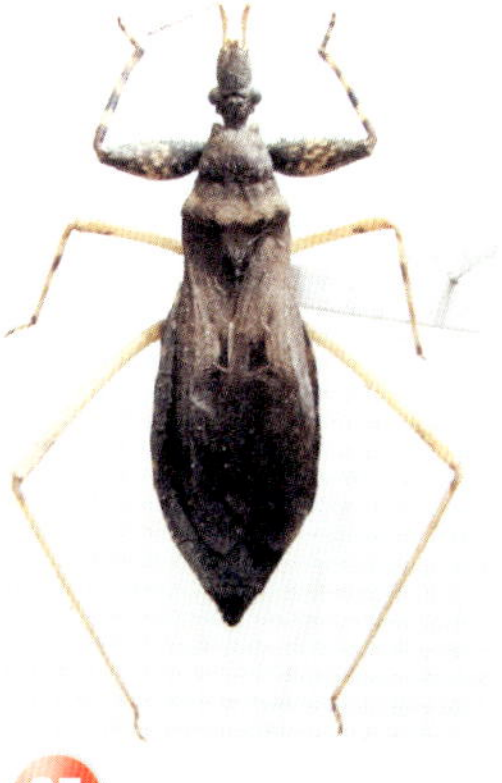

35 クロトビイロサシガメ 20ミリ

36 シロスジトビイロサシガメ 14ミリ

ない。地表性のサシガメでは、褐色をしたトビイロサシガメの仲間がいる。トビイロサシガメ、クロトビイロサシガメ35、モモブトトビイロサシガメである。

また、最近になって名前が決まったシロスジトビイロサシガメ36は、沖縄や四国、九州にいるほか、本州では静岡県から記録されている珍しい種である。静岡県島田市に住む「わらまき」による環境調査を長年続けている井上智雄さんから提供された、遠州灘に面した場所で採集された静岡県産の個体を所蔵しているが、幼虫は冬季「わらまき」に入っていたもので、成虫は六月に灯火に飛来したものであるという。トビイロサシガメの仲間は、前脚の腿が太くなっているのが特徴である。よく似た別属のアシボソトビイロサシガメはその前脚の腿節が細いので区別ができる。分類上も異なる属であり珍しい種である。

37 シマサシガメ 15ミリ

38 アカサシガメ（幼虫） 11ミリ

地表近くに生活するこれらのサシガメは、植物の根際や地表に生活する小昆虫などを捕食して生活している。ススキやチガヤなどのイネ科植物の根際には、黒褐色の体が細いホソサシガメやヒメホソサシガメ、前脚が弓状にわん曲したウデワユミアシサシガメなどユミアシサシガメの仲間がゆっくりと体を動かしている。全身棘を装うトゲサシガメも休耕田や湿地の植物の根際でよく見られる種類である。

そして草上に最もポピュラーなのが、体長一五ミリの脚と体に黒と白の縞模様をもつシマサシガメ37である。ハムシなどの甲虫のほか、蝶や蛾の幼虫を捕食している。山地の草むらによく見かける全身朱色がかった赤色のアカサシガメ38も小昆虫を捕食している。よく飛ぶサシガメである。

カにそっくりなカモドキサシガメの仲間は、急速に研究が進められ数多くの種類がいることが分かってきた。ツタやシダ植物、スギなどの枝葉、さらにクヌギやコナラなどの樹幹面にも生活している。すみかも多彩である。ヒメマダラカモドキサシガメやコブマダラカモドキサシガメなど一〇種近くが知られている。コブマダラカモドキサシガメは、一九九八年に秩父の神社の境内に生えている杉の葉から採集したもので日本での最初の個体である。

松林では、樹幹や松の枝葉、そして周辺の草上に見られるのがヤニサシガメである。動作は緩慢で全身ヤニを装っている変わり者である。最近分布を広げている黒くて大きなヨコヅナサシガメは、サクラの樹幹でよく見かけるようになったサシガメである。校庭の周りに植えられているサクラの樹幹できっと見つかるはずである。ケヤキやクヌギなどの樹幹にも生活する。幼虫は樹幹面の陥没した部分に集団で見られる39。

オオトビサシガメは茶褐色の、体長二七ミリに達する日本最大のサシガメである40。山地の樹木に生活している。捕まえると口吻の先を胸部にあるヤスリ状の器官にこすりつけてギイギイと発音することができる。冬は成虫で樹皮下や山小屋など屋内で集団越冬している。また、山地の草原や朽ちた樹木には、腹部が美しい朱紅色をした体長一二ミリ程のクロバアカサシガメがいるが、個体数の少ない種である。

こうしてみると、サシガメの仲間はさまざまな場所に生活していることが分かる。地表、植物の根際、草むら、樹幹や樹上など多様な環境に適応したカメムシと言える。サシガメは、形態もさることながら生息環境も多彩でその生態も謎が多くおもしろいカメムシである。

39 ハチの一種を捕食するヨコヅナサシガメ若齢幼虫（上）と成虫（左）

20ミリ

40 オオトビサシガメ

27ミリ

ヤニサシガメのおもしろ習性

コラム

体にヤニを装う生活

サシガメ科のヤニサシガメ41は、松林やその林縁を中心に生活する種で、飛ぶことはできるがどちらかというと、弱々しいサシガメで動作は緩慢である。とは言ってもサシガメである。捕食性であることから、鋭い口吻を用いて、生きた昆虫類を餌としている。前述のように、モンカゲロウやマツオアブラムシなど餌となる昆虫は結構多い。

ヤニサシガメは、その名のとおり、幼虫、成虫ともに体の表面にヤニ状の粘着物質で覆われているのが大きな特徴である。とくに脚は手で触ってみてもベトベトしていてよく粘るのである。ヤニサシガメは、体長およそ一五ミリで、北海道を除く本州、四国そして九州に分布していることから、関東地方には丘陵から低山地にかけて普通に見られるサシガメである。マツに生活するが、スギやヒノキにも発見される。

ヤニサシガメのからだのヤニはどこからくるのだろうか。ヤニサシガメの行動を観察すると、マツヤニの分泌部分に口吻を差し込んで、吸収することも確認されている。ということは、ヤニサシガメの各脚の節状の膨らみから分泌しているという説もあることから、吸収されたヤニが体内で消化吸収されたものが、あるいは老廃物として分泌していると言うことも考えられる。

ところが、幼虫の行動から、体内からヤニを分泌するということとは全く違う行動をすることも分かってきたのである。何と、ヤニサシガメ自身が、ヤニの分泌されている場所に行き、体にこのマツヤニを塗りつけるのである。この行動を見た時は、にわかに信じがたい光景であったが、飼育実験でも、マツの枝の切り口から分泌されるヤニに近づきこすり取る姿は何度も確認できたのである。ヤニサシガメのヤニを体に塗りつける付着行動はヤニサシガメ特有の行動と考えられる。

ヤニサシガメが体にマツのヤニを付ける順序はおおよそ次のようである。

ヤニ分泌部への移動→前脚の先端部（跗節）によるヤニのこすりとり
→前脚の先端部（跗節）による中脚の大腿部（腿節）へのこすりつけ→中脚の大腿部（腿節）による後脚の大腿部（腿節）とすね（脛節）へのこすりつけ→中脚の大腿部（腿節）による前脚の大腿部（腿節）とすね（脛節）へのこすりつけ→後脚のすね（脛節）による腹部側面と背面へのこすりつけ

41 ヤニサシガメ成虫 15ミリ

この一連の行動は、飼育実験では、容器内の松の枝葉を代えるたびに、大部分の個体に観察されたのである。前脚によってこすり取られたヤニは脚の各部に入念にこすりつけが行なわれ、ヤニの分泌部に移動し、動作を開始してからその場を去るまでに、およそ一時間を費やしたのである。この間、ヤニの分泌部に口吻をさし込んだり、触角による打診をしたりする。

ヤニサシガメの幼虫や成虫を見ると、野外の個体の方が光沢も強く、粘着性もある。この光沢は、ヤニの光沢によるものであり、松の枝葉が古くなったり、枝葉からヤニが出なくなったりすると容器内の飼育個体の光沢は失われ、次第に動きが弱まり餌もとらなくなりやがて死んでしまうのである。このことから、明らかにヤニサシガメにとっては、マツのヤニは、欠くことのできないものであるに違いないことが分かる。ヤニサシガメの体の光沢は、いわばヤニサシガメの健康のバロメーターとも言える。

松林の近くを歩く機会がある時は、ぜひとも林縁の下草や低木に目をやれば、黒いヤニサシガメをウオッチングできるかも知れない。そしてできれば、ヤニを装うヤニサシガメに手を触れてヤニを実感して欲しいものである。

f ヤニサシガメ５齢幼虫

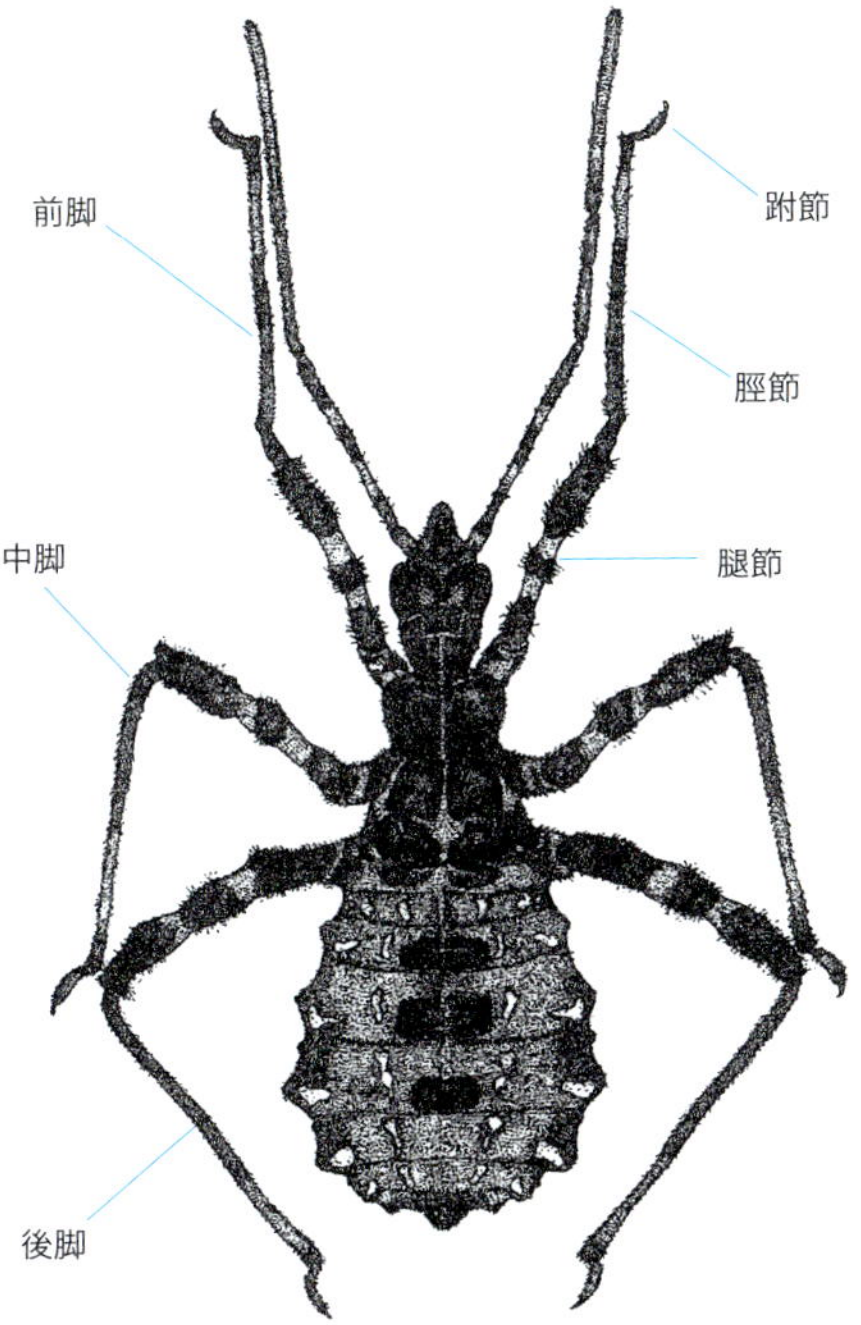

g カメムシの脚のつくりと呼び名

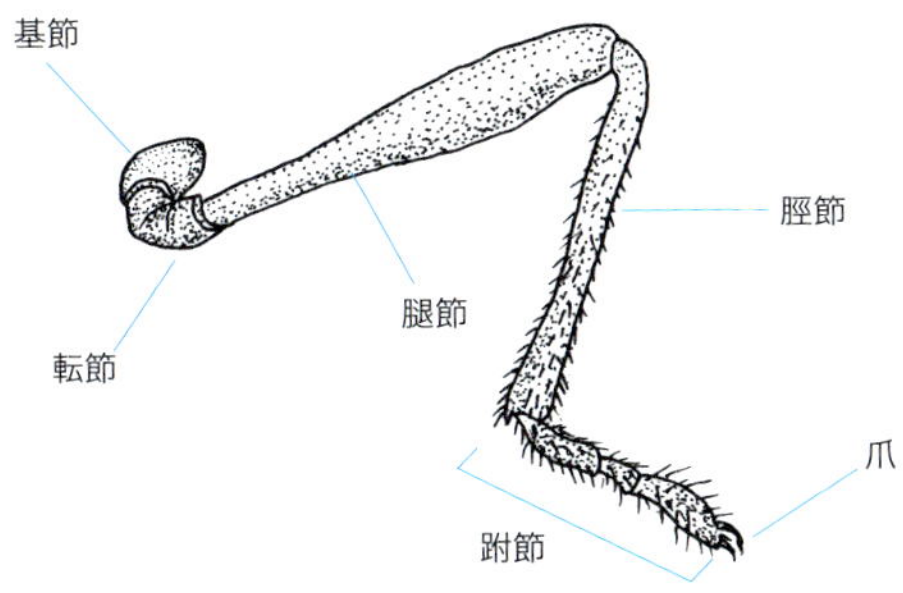

肉食系のカメムシは生物農薬として期待の星？

大部分のカメムシは、植物の汁液を吸って生活する植食系である。しかし、カメムシ科のクチブトカメムシの仲間は、太い口吻をもち蝶や蛾の幼虫、甲虫類などの体にさし込んで体液を吸収する肉食系である。日本には一〇種を超えるクチブトカメムシが知られているが、関東地方にも八種類ものクチブトカメムシがいる。チャイロクチブトカメムシ、アオクチブトカメムシ、シモフリクチブトカメムシ、オオクチブトカメムシ、クチブトカメムシ、アカアシクチブトカメムシ、ルリクチブトカメムシそしてシロヘリクチブトカメムシである。いずれも個体数は少ないカメムシである。

アオクチブトカメムシは、山地に棲む金属光沢のある緑色の大きな美しいカメムシである。ハスモンヨトウなど蛾の幼虫やハバチ類の幼虫も捕食する。

42 蛾の幼虫を捕食するアカアシクチブトカメムシ　16ミリ

クチブトカメムシの仲間は、しばしば毛虫を口の先にぶら下げたままで歩行する習性があり、運が良ければ葉裏や下草の影で獲物をぶら下げたクチブトカメムシに出会うことがあるかも知れない。

オオクチブトカメムシとクチブトカメムシは、非常によく似た黒みがかった褐色のカメムシである。いずれも山地性の林に生活し、蝶や蛾の幼虫や小さな昆虫を捕食している。クチブトカメムシの中では、出会う確立の高いカメムシでもある。

山地の樹上などで生活しているのが、アカアシクチブトカメムシやシモフリクチブトカメムシである。やはり蝶や蛾の幼虫を中心に小さな昆虫の体液を吸っている42。体長は八ミリ程のルリクチブトカメムシは、光沢のある瑠璃色の美しいカメムシで、畑や草地など地面に近いところで生活し、ヨトウムシやモンシロチョウの幼虫である青虫やハムシ類を捕まえて生活している。

クチブトカメムシの中で関東地方に最後に登場したのが、シロヘリクチブトカメムシである43。南方系の種で、埼玉県でもこれまで生息は考えられなかったカメムシである。一九九九年以後、すっかり定着した新顔のカメムシである。水田に発生する害虫やシャクトリムシ（シャクガの幼虫）などを捕食している。

植物から汁液を吸収して生活するカメムシ類は、植物へダメージを与える加害者でもあるが、このような害虫として扱われるカメムシに対して、クチブトカメムシ類は、各種の植物や農作物を食害する蝶や蛾の幼虫やハムシなどの害虫を捕食することから生物農薬として、天敵の役目を担う効果が期待されている。

近年、食の安心・安全に対する関心が高まり、生態系や自然環境の保全や負荷を低減する上からも化学農薬に対する依存度を見直し環境保全型の循環型農業に移行する動きが活発になっている。天敵を利用した生物農薬（天敵農薬）として、ヒメハナカメムシなどが期待されている44。

タイリクヒメハナカメムシは、すでに大量増殖技術が確立され、ピーマンなどの野菜の害虫であるミナミキイロアザミウマやハダニなどを捕食する有効な天敵として知られている。そしてすでに商品化されて実用化されている。複数の農薬会社から販売されている期待の星なのである。このほかカスミカメムシの中には、水田に発生するウンカ類の卵を吸う重要な天敵として知られているものが数種いる。カタグロミドリカスミカメはその代表である。

サシガメ科やマキバサシガメ科のカメムシも鋭い口吻をもち、蝶や蛾の幼虫をはじめ小さな甲虫に口吻を刺し込んで体液を吸う捕食性のカメムシである。マキバサシガメ科のハネナガマキバサシガメは体長八ミリの黄褐色の細長いカメムシで、田んぼにも多く棲んでいてウンカやヨコバイなどを捕食する天敵でもある。

カメムシの中にも、害虫の天敵として「役立つ虫」も少なくないのである。

43 シロヘリクチブトカメムシ 16ミリ

44 アザミウマの幼虫を捕食するヒメハナカメムシの成虫（下）と幼虫（上）　（撮影 赤松富仁）

キノコを食うカメムシ、キノコになったカメムシ

食菌性のカメムシ　ヒラタカメムシは、その名のとおり体が扁平で、超薄型のカメムシである。よくもまあ、こんな扁平な体の中に昆虫としての機能を備えたさまざまな器官が入っているものだと感心させられるのである。大きさも一センチ以下がほとんどである。大部分が褐色や黒一色の地味な種が多いのも特徴である。触角も太く短い。丘陵から山地にかけて生息している。研究がすすみ北海道から沖縄にかけて五〇種近くの種類がいることが分かっている。普段ほとんど目に付くことのないカメムシで、動きもにぶく行動範囲も狭い。

日本各地に普通に見られるノコギリヒラタカメムシ45は、腹部の外縁は鋸のように波状になっているのが特徴で、まさにノコギリ状のヒラタカメムシである。カメムシの中にあっては、その食性は変わり者で、カワラタケやカイガラタケ、サルノコシカケなどのキノコに生活している。枯れたクヌギやコナラなどのまきや倒木で見つかるアラゲオオヒラタカメムシもヒラタケの仲間のキノコに見られるカメムシである。アラゲオオヒラタカメムシによく似たオオヒラタカメムシは、茶褐色で一回り大きく体長は一センチもある大形種である。山地の枯れた針葉樹の樹皮下に潜むカメムシである。

チビヒラタカメムシの仲間は、体長二ミリに満たない小さなヒラタカメムシである。熱帯性の珍しいヒラタカメムシである。エサキヒラタカメムシは、秩父地方でも山地で生活するヒラタカメムシで、淡褐

45 ノコギリヒラタカメムシ　9ミリ

46 トビイロオオヒラタカメムシ　7.5ミリ

色の九ミリ程の大きさである。枯れ枝をたたくことで落ちてくる種である。丘陵地帯に見られるトビイロオオヒラタカメムシ46は、七ミリを超える黒褐色の種で、体は長卵形で腹部の外縁は鋸状にはならない。イボヒラタカメムシは、七ミリ程の黄褐色のヒラタカメムシである。クヌギやコナラの林に生活しシワタケというキノコに寄生するという。秩父では越冬成虫を二月に確認している。体長五ミリに満たないマツコヒラタカメムシは、赤褐色の小さなヒラタカメムシで、枯れたアカマツなどに発生するヒトクチタケなどのキノコをすみかとしている。

ノコギリヒラタカメムシをはじめいくつかの種は、動きが緩慢だが、灯火採集にも時々灯りを求めて、白く張った幕に姿を見せることがある。

ヒラタカメムシの仲間は、このように生きている植物には生活せず、枯れた木の樹皮下や、枯れ枝、林の中の倒木や積み上げられたまきなどが絶好のすみかである。樹皮をはがしたり、積み上げられたまきを一本一本そっとひっくり返したりすると、群生する姿を見ることができる。そうした環境は暗く湿っていて菌糸がはりめぐらされた環境である。

見つければしめたもので、採集は他のカメムシに比べはるかに容易である。山歩きの時に、積み上げられた枯れた樹木を丹念に探せば、きっと平たい黒いカメムシに出会うことができるはずである。

ヒラタカメムシ類は、直接キノコ類に生活するものや菌糸が伸びた樹皮下などに潜み、菌類を餌とし、養分を吸収する食菌性という変わり者のカメムシなのである。

カメムシタケ　「冬虫夏草」と言えば、昆虫などから生えるキノコであることはよく知られている。「冬虫夏草」は、キノコの仲間である。キノコは胞子を飛ばし、栄養源に付着して菌糸を伸ばし、そこから養分を吸収して成長する生き物である。こうしたキノコの中には、不思議な変わり者のキノコがある。それは、生きた昆虫にとりついて、その体から栄養分を吸収し成長するというものだ。いわば殺虫キノコなのである。決して死んでいる虫体につくのではなく、生きた虫にとりつくということがすごいのである。
「冬虫夏草」は、こうしたさまざまな昆虫につく殺虫キノコの総称である。とりつく昆虫によってもキノコの種類が異なっている。驚くことに日本からはおよそ三〇〇種が記録されていて、日本は世界有数の「冬虫夏草」の産地であるらしい。「冬虫夏草」の宿主としてとりつかれる昆虫には、セミ、アワフキムシ、ヨコバイ、ハチ、アリ、チョウ、ガ、コメツキムシ、オサムシ、ハエ、ゴキブリ、トンボなど多くの種類が名を連ねている。そして、数多くの種類のカメムシも殺虫キノコの餌食になっているのである。カメムシにとりついたキノコがカメムシタケである47。その形状がミミカキにも似ていることからミミカキタケとも呼ばれている。学名はコルディセプス・ヌータンスという。

カメムシタケの研究は古くから行なわれていて、日本の昆虫学の発展に偉大な功績を残されたあの江崎悌三博士も一九二九年には、福岡県内で調べたカメムシタケ二四四本を発表している。

これまでに記録されたカメムシタケの宿主としてのカメムシを見ると、エサキモンキツノカメムシ、ハサミツノカメムシ、フトハサミツノカメムシ、ヒメハサミツノカメムシ、セアカツノカメムシなどのツノカメムシ科のほか、ツノアオカメムシ、ヘラクヌギカメムシ、オオヘリカメムシ、オオツマキヘリカメムシ、ホシハラビロヘリカメムシ、マルカメムシ、クサギカメムシ、アシアカカメムシなど結構種類が多いのである。登場したカメムシの顔ぶれはいずれも山地性の落葉広葉樹木に依存した種が多いことに気づく。このことは、カメムシタケの生育環境とも一致しているものと考えられる。

昆虫の体に付着した「冬虫夏草」菌は、体内から子実体と呼ばれる黒く細長い柄を伸ばし、やがてその先端はマッチ棒のように膨らんだ、子嚢果をつけるh。この中に胞子をいっぱいに詰めているのである。宿主であるカメムシから伸びた子実体は、一五センチに達するものもあるほどで、まっすぐに地上に向かっているものや途中で曲がりくねったものなどさまざまで、子嚢果を含む子実体の先端は、赤やオレンジ色をしていてこの部分だけが地上部に顔を出している。ほとんどの部分は、落ち葉や腐葉土に埋もれている。カメムシタケの採集は、地上部に覗かせたかせたわずかな子実体を探して、慎重に宿主を掘り出すのである。

カメムシタケの宿主であるカメムシをよく見ると、カメムシタケへと姿を変えたほとんどのカメムシの前胸部分から子実体が発生していることに気づく。とくにツノアオカメムシやツノカメムシ類は不思議なことに前胸部、とくに側角と呼

47 カメムシタケ
（宿主：フトハサミツノカメムシ）

ばれる付近の腹面を破って子実体は伸びている。

不思議と言えば、宿主であるカメムシとカメムシタケの菌がどのようにして出会うのだろうか。「冬虫夏草」の専門書には、宿主であるカメムシが越冬のために生息地の落葉下や土中に潜った時にとりつかれやがてカメムシタケに成長するとあるが、これまで報告されている宿主のカメムシには、確かに落葉間や土中で越冬するものもいるものの、土中で越冬したとしても、宿主が掘り出される深さまで本当に潜るのか疑問である。

ツノカメムシやツノアオカメムシなど多くの種は、樹皮下や枝葉間、朽ち木、山地の家屋内などでの冬越しする個体が多いが、これらの種の中で、とくに落ち葉や地面に潜る個体に感染するのだろうか。これまでに宿主として報告のあるヘラクヌギカメムシに至っては、成虫で越冬するのではなく卵で越冬している。

このことから考えると、成虫の出現期にあたる夏から秋にかけて空中感染し、衰弱したり死んだりした個体が落下して落ち葉に埋もれ、カメムシタケにその姿を変えるのではないかと推察できる。カメムシ以外の宿主として知られるヤンマタケなどのトンボの「冬虫夏草」は、地上部の植物上でキノコになっている。こうしたことから、土中で感染するとは限らず、空中感染して短時間にとりつかれてキノコへと変身するものであると考えられる。「冬虫夏草」の世界は、まだまだ謎だらけである。

ところで、「冬虫夏草」と言えば、中国で古来より漢方薬として珍重されてきた滋養強壮作用があるシロモノや、薬膳料理の食材として知られるものは、蛾の仲間であるコウモリガ科のコウモリガの一種の幼虫（イモムシ）、学名コルディセプス・シネンシスを指しているのである。カメムシタケの薬効は果たしてどうなのだろうか。

h カメムシタケのつくり

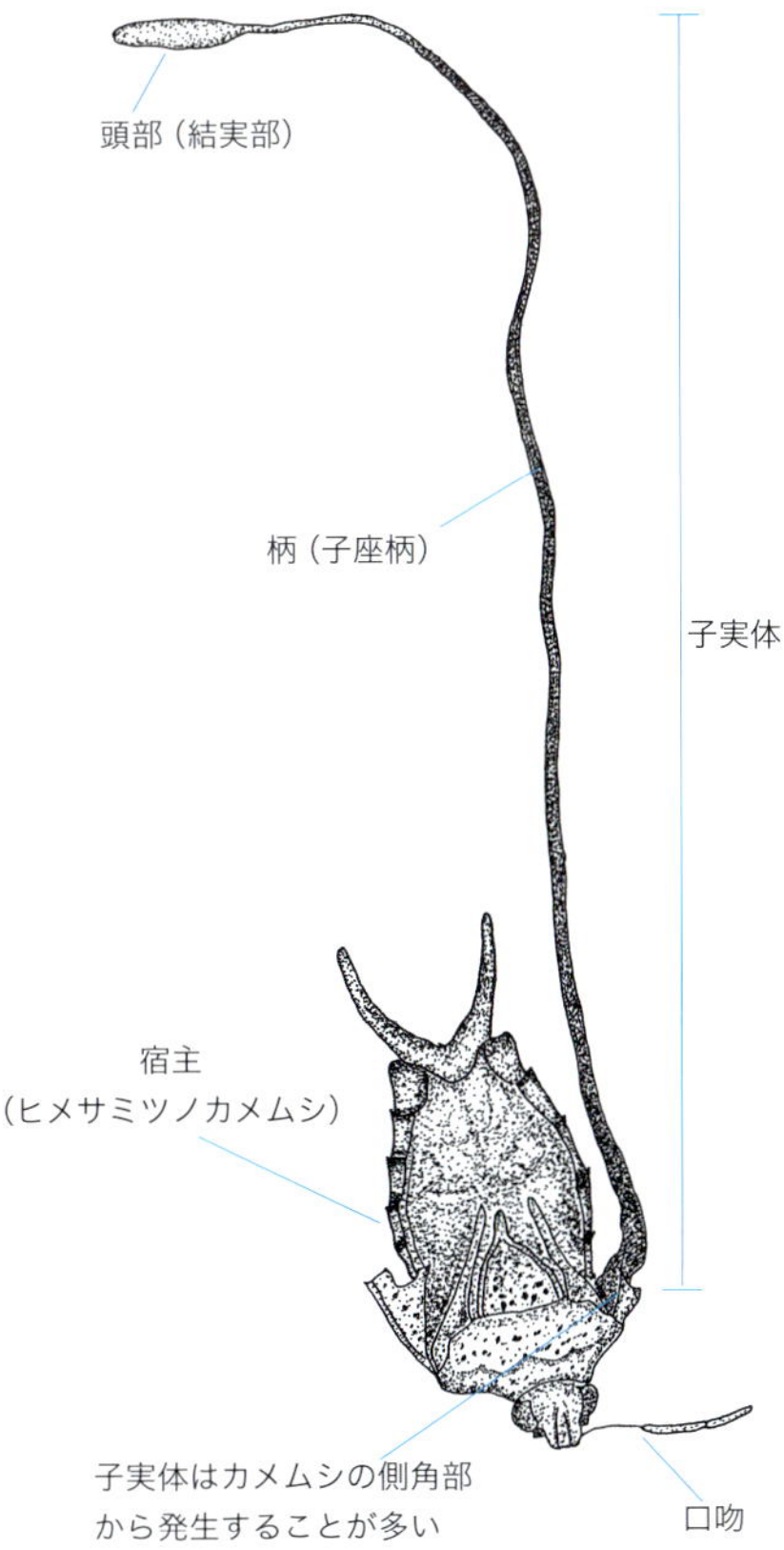

レースを身にまとうカメムシ——その名はグンバイムシ

カメムシの中でも特異的な形をしたグンバイムシは、大きさもせいぜい三ミリから四ミリの小さなムシである。カスミカメムシ同様単眼をもたず、何といっても胸部の背面（前胸背）が著しく発達していることが特徴である。袋状になった突起や翼状の突起をもつのである。そして前翅は太い脈が網目状に走り、膜質部が存在しないことである。体の外縁も網目状であることから英名はレースバグ（lace bug）。まさにその通り、全身をレースでまとった昆虫である。体が平たく軍配状の体つきに和名の由来がある。

グンバイムシは、分類上、トコジラミ類（学問上はトコジラミ下目）に属するれっきとしたカメムシの仲間であり、カスミカメムシ科に近い系統に位置づけられている。においを放つ臭腺の開口部も存在している。これまでに日本には七〇種近い種がいることが分かっている。グンバイムシは、ほとんどが植物から養分を吸収している植食性であり、ほかのカメムシ類に比べ種によって好む植物の選択範囲は著しく狭く単食性の種も多いのである。なかにはコケに生活する種も知られている。

プラタナスグンバイは、三・五ミリの大きさで、全身乳白色の美しいグンバイムシ48。ルーペや実体顕微鏡でのぞき込むと、よくもまあ、こうした精巧なデザインの小さな生き物を創り出したものだと感心させられる。しかし、プラタナスグンバイは、盛夏の頃道路沿いのプラタナスの街路樹や学校のプラタナスの葉が黄褐色に変化するほど大発生し、深刻な事態を招いている。

三ミリに達しない小さなキクグンバイは、レースの網目が大きいグンバイムシである。ヨモギなどのキク科植物に生活

48 プラタナスグンバイ（右）とプラタナスの街路樹（左） 3.5ミリ

するが、キクを加害することでも知られている。

ナシやリンゴなどの果樹類の葉につくナシグンバイは、三ミリを少し超えるくらいのグンバイムシ㊾。トサカグンバイは、胸部背面（前胸背）が大きく半球状に膨らみとさか状になっている奇妙な形をしたグンバイムシである。四ミリに満たない大きさでダンコウバイ、シキミなどクスノキ科やツツジ科の植物などをはじめ多くの植物に生活することが分かっている。

体が黒いツツジグンバイは、体長四ミリ程で、オオムラサキなどのツツジやサツキで見かけるグンバイムシである。

49 ナシグンバイ 3.2ミリ

秩父地方の低山地や山地でよく見られるグンバイムシは、ヤブガラシに生活するヤブガラシグンバイとコアカソなどのイラクサ科植物に見られるコアカソグンバイである。どちらも三・五ミリ程の大きさ。茶色の体のクルミグンバイは、胸部の両側が平たく前方に突き出ている（翼状片と呼ばれる）のが特徴である。オニグルミに生活している。

また、在来の植物を駆逐し、ものすごい勢いで繁茂し続けている黄色い花穂のセイダカアワダチソウにつくアワダチソウグンバイは体長三ミリのグンバイムシである㊿。この帰化植物セイダカアワダチソウの生えているところには必ずといって良いくらい姿を確認することができる。葉裏をめくればおびただしい数のアワダチソウグンバイが群生しているのが見られる。秩父地方では五月中旬になると成虫の姿を確認できる。

帰化植物があっという間に分布を拡大し、それに生活するこうした侵入昆虫が、これまた瞬く間に分布を拡大していく様は、生き物の生命力、適応力をまざまざと見せつけられる思いである。アワダチソウグンバイが、厄介者のセイダカアワダチソウの勢力拡大にブレーキをかけるところまでいかないが、このグンバイムシもセイダカアワダチソウとともに衰えを知らない勢いで分布を広げていることだけは確かである。

50 アワダチソウグンバイ 4ミリ

したたかに分布を広げる新参者のカメムシ

昆虫の分布も最近では大きな変化が見られる。もともと熱帯や亜熱帯地方に生息していた種が北上して各地で見られるようになったり、これまで日本には分布していなかったはずの昆虫が定着するようになったりして、各地で話題になるケースが増えている。とくに外国からの侵入昆虫は、その地域はもとより、日本の在来種にとって脅威となっている。マニアによって飼育された個体が人為的に放たれその土地で自然繁殖し、定着している例も少なくない。決して喜ばしいことではない。いわば日本の種の生態系を攪乱させていることになる。

昆虫が分布を急速に拡大している理由は、気候の温暖化が進んでいることが背

51 マツヘリカメムシ
20ミリ

景にあげられる。地球的規模のこの現象は、昆虫に限ったことではなく、多くの植物や野菜、草花そして果樹など農作物にも言える。農作物では栽培技術や育種技術の進展にあわせて南国の農作物が、これまで考えられなかった北国で栽培可能となりきれいな花を咲かせたり実をつけたりしている。また、都市部においてはヒートアイランド現象が拍車をかけている。さらに、物流や交通網の進展によって、水際をくぐり抜けた小さな生き物が、農作物や果樹そして植木の根などにくっついて卵、幼虫、サナギなどの形で運ばれている。

航空機や船舶による外国からのとくに輸入農産物に紛れて、多くの雑草の種子や農業害虫もこれまでに数多く入り込んでいる。また急激な海外旅行者の増加による持ち込みなどによることも考えられる。外国からの昆虫が、日本の港湾や空港で検疫を逃れて侵入し、その後は国内で世界に誇る物流網の中で全国に運ばれ適応し、新参者の侵入昆虫として定着するのである。

52 ミナミトゲヘリカメムシ 20ミリ

また、人為的に目的があって持ち込まれたりすることもある。こうして日本の自然に適応し自然繁殖を繰り返していくのである。そして、帰化昆虫として定着することになる。

カメムシの仲間も、温暖化や物流そして道路網の進展の中で、したたかに生きぬいている。外国からの新参者では、体長二〇ミリのヘリカメムシ科の赤茶色をしたマツヘリカメムシ51があげられる。北アメリカ原産のカメムシで、一九九九年以後ヨーロッパに侵入し分布を拡大。日本では、二〇〇八年東京で確認され、その後、埼玉県や神奈川県でも生息が確認され、首都圏で急速に生息域を広げている。埼玉県内では、すでに秩父地方の山間にも侵入していることが確認されている。

同じヘリカメムシ科のミナミトゲヘリカメムシ52は、体長二〇ミリ前後のネムノキに生活する緑色をしたオクモヘリカメムシによく似たカメムシであるが、体色が褐色であること、胸部背面の肩にある側角の棘が鋭く斜め前方に突き出ていることで区別ができるヘリカメムシである。一九七〇年代の中頃に鹿児島県に侵入し、現在では関東でも生息が確認されている。クスノキ科のほか、ミカンの果実を加害することで注目されている。埼玉県内では、二〇〇〇年九月に所沢市内でまとまった個体が採集されている。

グンバイムシ科では、先に紹介したアワダチソウグンバイとプラタナスグンバイの二種類の新参者をあげておきたい。秋になると河原や空き地、草原を黄色に染めるセイダカアワダチソウは、北アメリカ原産の帰化植物で明治末期に園芸用の切り花として人為的に持ち込まれたものが、全国に分布を拡大したものである。やはり北アメリカ原産のこのグンバイムシは、二〇〇〇年に西宮市に侵入が確認されて以来、関東や東北で急激な定着を見せている。私が住む埼玉県北部でも二〇〇八年にはセイダカアワダチソウの葉裏に群生するアワダチソウグンバイを採集している。セイダカアワダチソウがまだ三〇センチ程の成長期の頃から葉裏に見られるのである。ヨモギやヒマワリにも個体数は結構多く農業上の害虫でもある。

プラタナスグンバイは二〇〇一年に名古屋市で初めて確認された。クルミ科やクワ科、ブナ科植物にも広範に生活し、関東、四国、九州に分布を拡大している。街路樹のプラタナスが葉裏についたおびただしい数のこのグンバイムシによって黄色に変色している光景を随所で見かけるようになってきた。小さな虫も爆発的な個体数で植物にダメージを与えるのである。たかが二〜三ミリの虫だからといって侮れない。

サシガメ科のヨコヅナサシガメは、体長二〇〜二四ミリの大形で光沢のある黒

53 キマダラカメムシ 20ミリ

色のサシガメである。中国原産の積み荷に紛れ込んで九州地方に侵入し定着したと考えられている。東海地方が分布の北限とされていたが、二〇〇〇年頃から関東各地でも生息の確認が相次ぎ、古いサクラ（ソメイヨシノ）の樹幹にその姿を確認できる。サクラの他にエノキ、ケヤキ、クヌギなどの樹幹でも生息している。確実に生息範囲を北に広げている生命力の強いカメムシである。

次にカメムシ科では、はじめにシロヘリクチブトカメムシである。もともと熱帯地方のカメムシで、日本では本州南部、四国、九州、南西諸島に分布をしていたもので関東地方における生息は考えられなかったのである。埼玉県内のあるサツマイモ畑で初めて採集した時の驚きは今でもよく覚えている。「なんでここにいるんだ」と叫んだものである。一九九九年の八月のことであった。その後も埼玉県内では県内各地で生息の確認が増えている。産卵中のメスも確認されているほどである。確実に分布を広げているカメムシである。

キマダラカメムシ53は二〇ミリを超える大きなカメムシで、黒色に小さな黄色の紋を散布する。サクラをはじめ多くの植物に生活することが分かっている。元来、中国や台湾に分布し日本では長崎県での発見が最初である。その後九州北部、四国、沖縄でも確認されてきたが、これらの地域の個体は、台湾からの移入ではないかと考えられている。この大形のカメムシ、キマダラカメムシもとうとう関東に姿を見せ始めている。二〇一一年東京都の小金井市で、ハナミズキの樹幹で多くの成虫が確認されたのである。

体長一五ミリ程の緑色のミナミアオカメムシは、日本各地に普通に見られるアオクサカメムシによく似たカメムシだ。広食性で一〇〇種を超える植物に生活し、農作物への加害も深刻な害虫である。これまで紀伊半島以南に生息域をもっていたが、確実に北に分布を拡大し、最近では関東南部まで進出している。

ツヤアオカメムシも、本来は南方系のカメムシである。埼玉県では一九九四年に採集されたのが始めてであったが、以後、県内各地で姿が記録されている。柑橘類などの害虫として知られているカメムシである。

カメムシの中で分布を拡大している幾つかの種について紹介してきたが、昆虫全体で見れば枚挙にいとまがない。これからもますます生息範囲は拡大の方向に進むことが考えられる。これから五年、十年先とどのように変わっていくのか、現在の昆虫相（昆虫ファウナ）の記録をしっかり残すことが大切である。いずれにしても私たち人間が、生活の利便性や効率を求めて続けてきた結果、昆虫の世界にも影響を与えているということは確かな事実なのである。

コラム

侵入昆虫の先駆者たち

外国生まれの侵入昆虫の中には、日本の自然環境に順応してすっかり定着したものも少なくない。

ヒトリガ科のアメリカシロヒトリは、あまりにもよく知られている例である。北アメリカ原産の蛾で、幼虫は集団で加害する。とくにクワをはじめ、プラタナスや果樹など百数十種に及ぶ多くの農作物や植物を食害する広食性昆虫の代表的な侵入昆虫である。日本には本来生息していなかったもので、一九四五年の晩秋に東京大田区で発見されたのが最初とされている。

また、中国から侵入したとされているアオマツムシは、マツムシ科の緑色をしたコオロギだ。明治時代に東京赤坂が最初の確認地とされている。一九七〇年代に車社会の発展とともに、街路樹沿いに急速に分布を広げてきた昆虫である。夏の夜に木の上で「リーリーリー……」と連続音で鳴く昆虫である54。車で帰宅途中や公園を歩いていると、時にはうるさいくらいに聞こえるあの鳴き声の持ち主である。庭木や街路樹を中心に瞬く間に本州・四国・九州と分布を拡大してきた。元来日本には樹上で生活するコオロギの仲間が存在しなかったことで、すっかり適応し日本の鳴く虫の代表に名を連ねている。

ブタクサハムシは、北アメリカ原産のハムシ科の昆虫である。一九九七年に埼玉県朝霞市で発見されたものが日本で最初の記録になっている。キク科のブタクサやオオブタクサなどの植物に生活している。

このほか、アメリカコロラド州からメキシコ原産のコロラドハムシ、地中海地方原産のチチュウカイミバエなども侵入昆虫である。前者はジャガイモの、後者はオレンジの大害虫として知られている。

最近では、中国や東南アジアに分布する世界最大のスズメバチと言われるツマアカスズメバチが長崎県内に侵入定着していることはよく知られている。物流の進展や温暖化に後押しされて、外国からの侵入昆虫は、ますます増えていくことが想像される。

また、国内の昆虫たちの生息分布域も急速に拡大されていて、とくに分布域を北に拡大している昆虫は多い。

54 樹上で鳴くアオマツムシ（♂）

パート3

カメムシと上手につきあう

マメ科作物の害虫として嫌われる
ホソヘリカメムシ

カメムシと人とのかかわり合い

1 ベランダの鉢植えで越冬するクサギカメムシ

カメムシとのつきあい方を考えるにあたり、まずこれまでも折々に紹介してきた、カメムシと人とのかかわり合いについて、少し整理しておこう。不快昆虫としてレッテルを張られ嫌われる昆虫には、ゴキブリをはじめ、蝶や蛾の幼虫であるケムシ、イモムシそしてハチやハエ、カなどがいるが、くさいにおいによって嫌われているカメムシは異色の存在と言える。この悪臭を放つカメムシは、人間生活とも深くかかわっており、私たちの日常の生活レベルでも身近なところでさまざまな問題が発生する。

たとえば、洗濯物に紛れていたカメムシをいっしょに取り込んでしまったり、干した布団に紛れていたり、時には洗濯物や網戸に卵を産みつけられることさえある。また、湯船に入り込んだりして悪臭が放たれることもある。食卓に並んだごちそうに飛び込み、食事を台無しにすることさえある。さらにカメムシの体液によって皮膚炎を発症する例も少なくない。とくに晩秋から冬越しのために建物内に侵入するクサギカメムシ❶やスコットカメムシ、オオトビサシガメに代表されるカメムシは、この時期に人々を悩まし嫌われている。室外ならまだしも、集団で室内に侵入してくるのだからたまったものではない。

室内に飛び込んできたカメムシは、踏みつぶしたりハエたたきでたたいたりしてしまえば対処できるが、間違いなく悪臭が部屋に充満することになる。手でつかんでつまみ出すことのできる人は少ないので、掃除機で吸い取るかほうきで掃き出すことになる。ただし掃除機で吸い取る時は、悪臭が充満することにもなるので、排気に注意が必要である。なによりも窓や玄関を開け放つことをしないことである。そして、洗濯物や干した布団は、ほこりとともによく払って注意して取り込むことである。とくに夏の終りから秋の季節はカメムシを室内に入れないことが肝心である。

くさい不快昆虫のカメムシも、手を出したりして刺激を与えない限り悪臭を放

つことはない。距離を保ちながら、時には耐えながらうまくつき合うことが大事である。

カメムシは農業上の害虫として、とくに稲や果樹の生産者から恐れられていることはこれまで触れてきた。試験研究機関では重要な害虫としてカメムシ対策の研究が進められている。農作物に被害を与えるカメムシについては、農薬などによる化学的防除も欠かせない防除手段であるが、越冬場所となる環境を作らないことも発生被害を少しでもなくす手だてにもつながる。畑や水田のあぜ道や河川敷や土手などの周辺部の草刈りをこまめに行なったり、枯草を焼却したりすることは、成虫越冬の多いカメムシにとっては厳しい冬を乗り越えるための越冬場所を失うことにつながる。

カメムシの中には害虫として防除の対象となっているものとは異なり、有益な生物農薬として利用される種類もいる。すでに商品化され効果を生んでいるヒメハナカメムシの例をはじめ、捕食性で口吻の発達したクチブトカメムシの仲間のシロヘリクチブトカメムシは、ヨトウムシ（夜盗虫）の一種であるハスモンヨトウという蛾の幼虫を捕まえて体液を吸うなど、実験でも有用性があるとして注目されている。ほかにもキシモフリクチブトカメムシなどのクチブトカメムシ類も期待されている2。しかし、個体数をいかに確保するかという問題が残っている。

カメムシは、昆虫の中でも数多くの種類を含んでいる大きなグループであるが、単に悪臭を放つが故の不快昆虫であるだけでなく、農業上の重要な害虫を数多く含んでいるほか、衛生害虫としても見逃せない昆虫である。その一方で、非常に多くの種がさまざまな植物に生活するカメムシの種類や個体数が多いことは、その地域の植物の種類が多く豊かな植生が維持されていると言うこともできる。それだけに私たち人間生活とのかかわりも深く、これからも共存していく運命にある生きものたちである。

2 天敵として期待されるクチブトカメムシ類

人を刺すカメムシ

復活したトコジラミ

カメムシは農業上の害虫としてだけではなく、衛生上の害虫として人間に直接危害を加えることもある。その代表的なものは、トコジラミというカメムシで、南京虫とも呼ばれる。体長は四～五ミリの丸形、扁平で褐色の小さなカメムシである③。

昔から住居内に棲み、夜な夜な出現して人間の血液を吸って生きてきた昆虫である。幸い病原体の媒介は知られていない。刺されたあとは赤く腫れあがりひどいかゆみを伴う。私も学生時代に下宿先で寝ていたところを刺されたことがある。一九六九（昭和四十四）年六月のことであったが、その時のトコジラミは所蔵する標本箱に今も眠っている。とくにこの虫は、第二次世界大戦の頃、不衛生な住環境も重なり被害が見られたが、終戦後ＤＤＴなどの殺虫剤の普及により一九七〇年以後、姿を消したのである。

ところが数年前からこのトコジラミが都内を中心に増殖し被害が拡大しているというのである。簡易宿泊施設や作業所など人間が生活し寝泊まりする室内に増えているという。カーテンのひだの部分、室内の暗い隠れた部分やじゅうたんの下などに幼虫と成虫（両者は形がよく似る）が混生しているのだ。引っ越しなど家具の移動や海外を含めた物流や旅行者も運び屋としてかかわっているという。どうやら人為的な要素が加わって、姿を消したはずの虫が復活しているのである。

③ トコジラミ 4.5ミリ

衛生害虫としてのカメムシで忘れてはならないのはシャーガス病を媒介するサシガメである。シャーガス病とは、原虫（トリパノソーマ・クルージ）を媒介することで起きる感染症で、原虫の侵入部位が腫れて炎症をおこし、リンパ節を侵し、さらに急性心筋炎や髄膜脳炎を発症し死に至る恐ろしい病気である。日本ではほとんど馴染みのない病気であるが、中南米全体ではおよそ一〇〇〇万人が感染していてマラリアに次ぐ危険な熱帯病になっている。中南米出身者も数多く日本で働いていたり渡航したりしていることなどから、今後は要注意の病気である。

サシガメの中には、病気を移さないまでもつかんだ時に鋭い口吻で指を刺すものがいるので油断は禁物である。その痛みは強烈でサシガメの存在を強く印象づけるものである。刺されないためには、不用意に手を出さないことである。サシガメも不意につかまれたりすれば、口吻を使って抵抗する。

カメムシの中で人間を刺す目的で生活しているのはトコジラミぐらいであるが、彼らも生きていくための食物として哺乳動物の血を取り入れなければ生きていけないのである。大事なことは掃除や風通しに心がけ、良好な衛生状態を整えるなど、トコジラミが生活しやすい環境をつくらないことである。

カメムシの見つけ方とつかまえ方

カメムシと上手につきあうためには、カメムシをよく知ることが大事である。嫌いな虫だからと言って、単につぶしたり殺虫剤でやっつけたりするだけでなく、先ずは相手をじっくり観察し情報をつかむことである。

野外で植物上にいるカメムシは、人が近づく気配を感じると急いで葉裏に隠れてしまうものが多く、なかには地面に落ちたり飛び立ってしまったりするものがいるので注意が必要である。注意深く観察していると、細長い口吻を植物に刺し込んで吸汁しているところや交尾・産卵、羽化などのようすをみることもできる。

さらに、カメムシを採集したり飼育したりして観察することは、体のつくりや習性、生活史などを知る上からもきわめて重要な意味をもつ。とくにきちんと記録を残す上では採集は欠かすことができない。観察時には、双眼実体顕微鏡があれば申し分ないが、ルーペでも充分である。針状の吸収性口器やにおいを放つ臭腺の開口部も確認できる。まさにミクロの世界の探訪である。採集したカメムシは飼育しながら観察を続けると産卵・ふ化・脱皮・羽化など一連の生活史をつぶさに観察することができる。


カメムシの見つけ方　カメムシの多くは植物に依存して生活しており、植物は、栄養を吸収したり、そこに集まる昆虫や小動物を捕食したり、さらに子孫を残し世代を繰り返すための重要な環境となっている。そのため、いろいろな植物の生える植生の豊かなところほど、その種類や個体数は多いと言える。

身近な野外でカメムシを見つけ観察するためには、これまで紹介してきたようなカメムシの食性、植生や栽培植物（作物）の種類とカメムシの種類との関係4、カメムシの好きな環境などを考えながら注意深く観察するとよい。

たとえば、田畑では栽培されている作物の種類（それぞれの種だけでなくマメ科、イネ科、ナス科、ウリ科、セリ科などの区分も）を確認して、それぞれの作物の茎葉や花や実、雑草の茎葉や地際など

4 イネ科植物に生活、イネの斑点米も引き起こすコバネヒョウタンナガカメムシ

をいろいろな角度から観察するとよい。水田では畦畔や水路、ため池なども一緒に観察すると、より多様なカメムシ（水生カメムシなども）の発見につながる。

道ばたに植物の生えている野道や山道など道を歩く時は、その両側に生える植物に沿うようにして歩きながら茎葉や花や実などを観察する。葉裏や株元にも目をやったり、行きと帰りで道の左右を変えたりして観察すると見落としが少なくなり貴重な発見にもつながる5。生えている樹木は、ゆっくりと葉裏を見上げ、幹や枝にも視線を移していくと、樹上に生活するカメムシが発見しやすい。

野原や草原などでは茂っているススキやチガヤなどの株元をゆっくりかき分けてみると、普段見ることの少ないサシガメなどが顔を見せるかもしれない。

カメムシのつかまえ方 では、見つけたカメムシをつかまえるにはどうしたらよいか少し触れておきたい。まず、肉眼による目視によってカメムシを確認しそれを用意した容器（管ビンなど）に慎重に取り込むのであるが、つかめるものは、においを気にすることなく、指をそっと出して親指と人差し指でつかむ。においを気にする人は、管ビンのふたをあけてビンの口をカメムシの背中からかぶせ、片方の手で葉裏を押さえて虫の体をビンの中へ叩くのである。

ただ、目視による方法は、範囲が限られ見落とすことも結構ある。最も効果的な方法は、捕虫網（ネット）を用意して採集することである。草むらを左右にすくい取るように、前に進みながら繰り返していく、スイーピングと呼ばれる方法である6。植物の種子やクモなどとともに、目視では気づかなかった小さな昆虫が結構入り込む。背の低い草だけでなく、樹木の枝葉をすくい取ることもできる。さらに高い木の枝葉には柄の部分を長くしたつなぎ竿で左右にすくっていく。

問題は、網の中に入った小さなカメムシをどう採集するかであるが、ここで登場するのが吸虫管で、微小昆虫を採るのに適した優れものである7。吸虫管は、虫を管ビンの中に吸い取る構造になっている。ビンの一方に吸い取り用の管をつなげ、ビンの反対側に虫を取り込むガラス管をつけて、吸引によって虫を管ビ

5 ブドウの葉裏で見られたチャバネアオカメムシの幼虫

6 スイーピング

ンに取り込むのである8。この時、口にくわえる管の先（吸入口）は、ガーゼや細かい網でふさぐことがポイントである。これがないと、吸い込んだカメムシが直接口の中まで勢い余って飛び込むことになり、においとともにむせ込むことになる。

ビーティング（叩き網採集）と言われる方法は、植物の枝葉の下にネットや四角に切った布を四隅で固定した叩き網などを置き、木の枝や茂みを棒でたたいて落として採集する方法である。ビニール傘でも代用できるが、この方法は落ちたカメムシを飛び立たないうちに吸虫管で素早く吸い込み、管ビンなどに取り込まなければならない。

こうした採集方法とは全く異なる方法が、夜間の採集である。カメムシは光に集まる走光性の性質をもっていることから、灯火によっておびき寄せる、ライトトラップと呼ばれる方法である。田舎の街灯や自動販売機、高速道路のサービスエリアなどの灯りには結構昆虫が集まり飛び交っているものであるが、本格的には電源のあるところや、発電機をつかって水銀灯や蛍光管をぶら下げて灯すのである。光源の後ろには白い幕を張って光を拡散させ集まった昆虫が止まるための環境を用意する。白い幕に止まったおびただしい昆虫の中からめぼしい個体を管ビンに採集したり、吸虫管を使ったりしてすばやく吸い取る。ライトトラップでは、昼間見たことのないようなカメムシが、多くの甲虫や蛾と飛来して興奮させられることもしばしばである。

カメムシをはじめとして昆虫はどこで出会うか予測がつかないのも事実である。そこで、カバンや車などに採集道具を常に用意しておくと、ここぞと言う時にすぐに取り出してチャンスを逃さず採集することができる。

採集はしっかりとした目的にもとづいて行ない不必要な殺生をしないことなども心掛けたい。畑や水田と言った限られた環境にどんな種のカメムシが生活しているのか、また、自分の地域のカメムシ相はどのようになっているのかなど、目的にもとづいて調べて記録していく。とくに、採集した種はできるだけ正確に分類し名前を調べて記録に残すことが大事である。

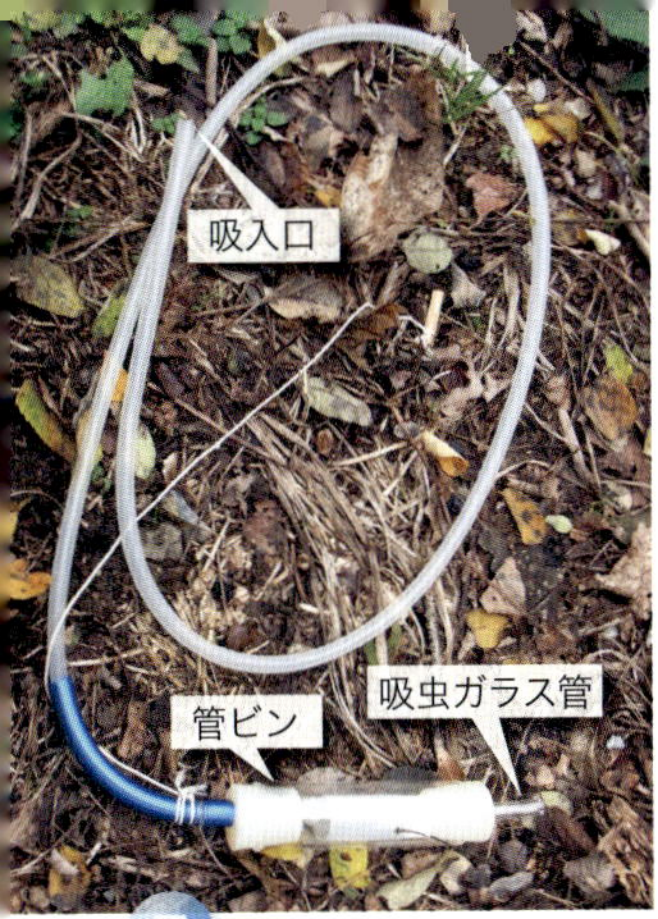

7 吸虫管

8 吸虫管の使い方

カメムシの標本作りに挑戦

コラム

9 カメムシ標本（サシガメ）の例

採集したカメムシを標本にして保存することも重要なことである。標本にして残しデータをつけておけば後世にわたって記録として、確かな証拠資料として重要な意味をもってくる。カメムシの体のつくりや形態を調べたり、発育過程や変態について調べたり、実物教材としても役立つ。一個体の標本から得られる情報は多い。

標本として作るからには、標本らしい標本を作り、誰でもが活用できるものが望ましい。具体的には、図鑑にあるような標本を作ればよいのである。脚をそろえ、触覚をそろえ……見よう見まねで経験を積んで慣れることである。

カメムシは、背中に逆三角形をした小楯板と呼ばれる部分がある。この部分の中央よりやや右側に昆虫針を刺す。針の深さは、平均台と言われる道具で、針の頭とカメムシの背中の間の長さが一定になるよう揃えていく。高さが決まったら発砲スチロールでもよいし、密度の細かいポリフォームなどに差し込んで、ここで触角と前脚、中脚そして後脚を左右相称に揃えていく。普通は室内で自然乾燥させるが、急ぐ時や湿度の高い季節にはタッパウエアなどの密閉度の高い容器に乾燥剤を入れて乾燥を待つ。

カスミカメムシやナガカメムシなどの小さな種類は、左の写真のように名刺のような白い厚紙を細長い三角形に切り、その先端に木工用ボンドやアラビア糊などの接着剤で貼り付ける。この時も脚や触角に注意して作成することがポイントである。脚や触角が揃えやすい種類とそうでないものがあるので経験を積むことが大切になる。

標本が乾燥できたらデータラベルをつけることを忘れてはいけない。いつ、どこで、誰が採集したものか、またどんな植物から採集したか、さらには採集方法、とくにライトトラップで得たものなどは区別するとよい。それらが後々役立つデータとなるからである。また、ラベルはカメムシ一個体ごとにつけ、同一条件で複数個体を採集したものでも同様に個体ごとにラベルをつけるようにする。この時も平均台を用いて、虫体の下に位置を一定に決めてラベルに昆虫針を刺し込む。あとは、密閉度の高い標本箱に納めればよい。標本はこのラベルがなければ、どんな立派にできても、どんなに記憶が正しくても科学的根拠のないただの虫の死骸にすぎない。記録がいかに重要かと言うことである。

こうして地域のカメムシの種類構成をしっかりと記録し、根拠標本を残し、その時代のカメムシ相を整理していくことで、今後どのように自然環境の変化と相まって分布が変化していくかを知る上の重要な手がかりになる。採集した昆虫の標本をいかに科学的に活かしていくかということが大切になってくる。

ウデワユミサシガメ

身近なカメムシの生活史を知る

これまでにも紹介したように、カメムシは一生の間に卵、幼虫、成虫へと変態して成長し（サナギの時代はない）、不完全変態をする昆虫で、カメムシの多くは、卵からふ化した幼虫（一齢幼虫）が、四回の脱皮を繰り返して五齢幼虫（終齢幼虫）になるとやがて羽化して成虫になる a 。

卵の期間や幼虫の期間はカメムシの種類によって異なるが、卵で越冬するものを除けば、おおむね卵期間は一週間程度で、幼虫期間は三〇日から六〇日程度（発生時期の気温にもよる）である。

たとえば、終齢幼虫で越冬し五月頃より成虫が見られるサシガメ科のヤニサシガメについて調べた結果、卵期間は平均で二二日であった。幼虫期の平均発育日数は、飼育実験による観察例では、一齢期一五日、二齢期一五日、三齢期二二日、四齢期三四日、五齢期二三〇日から二五〇日であった b 。ヤニサシガメの場合は年一回の発生で、幼虫期間が非常に長く、天敵や気象条件など過酷な環境を生き抜いたわずかな個体だけが成虫になることができるのである。

こうしたカメムシの生活史を知ることは、カメムシと上手につきあったり、かしこい防除法を工夫したりする上で、非常に重要なことである。

カメムシの生活史については、すでに詳しく明らかにされているものも少なくないが、まだまだ知られていないものが

a カメムシ（アオクサカメムシ）の卵と幼虫　（小林・立川，2004）

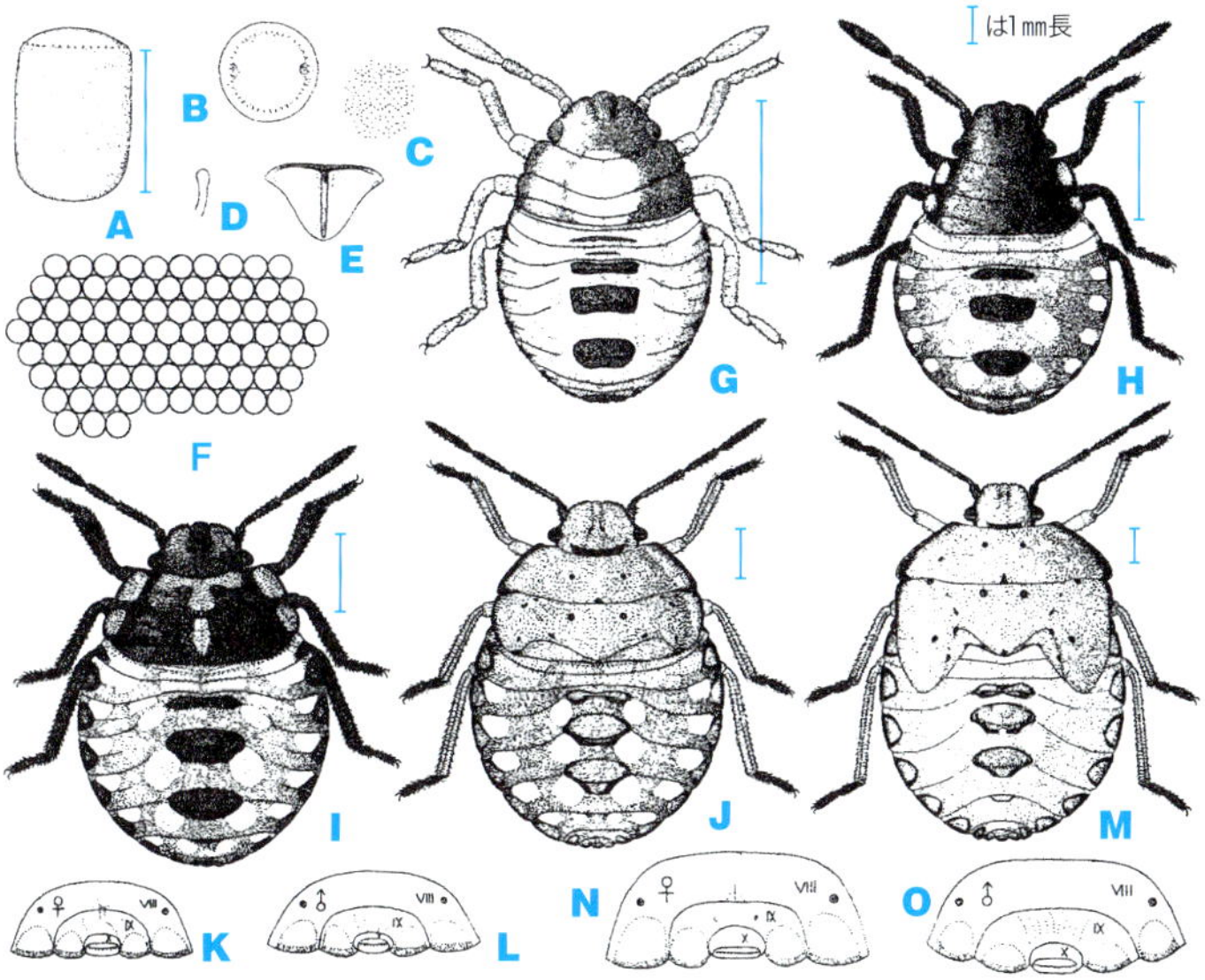

A. 卵　B. ふ化が近づいた卵に透視される眼点と卵殻破砕器の一部　C. 卵殻表面に微かに認められる六角形模様　D. 受精孔突起　E. 卵殻破砕器　F. 卵塊　G. 第１齢幼虫　H. 第２齢幼虫　I. 第３齢幼虫　J. 第４齢幼虫　K. 同齢の雌と推測される個体の第8～10節膜面　L. 同雄　M. 第５齢幼虫　N. 同齢雌の性徴　O. 同雄

数多い。自分の目で実際に観察しながらカメムシの生活史を知ることは非常に興味深く、新たな発見にもつながる。

　カメムシは道ばたの草むらや近くの田畑や林など、ごく身近なところにいて捕獲も比較的容易なことから、生きたままつかまえて身近にある容器にでも入れて観察してみるとおもしろい。

　この時、カメムシがついていた植物を必ずチェックしておくことを忘れてはならない。その植物を一緒に採ってきて容器に入れておくのである。しおれたら補充できるものであれば都合がよい。

　カメムシが植物から口吻を使って汁を吸うところや変態すなわち脱皮し、一回り大きく成長し、少しずつ体が変化していく様子も身近に観察できる。容器内で産卵するカメムシがいれば、ルーペも使って卵の成長を観察するとおもしろい発見もある。

　たとえば、カメムシの多くは、卵からかえる時に卵のふたを押し上げながら幼虫が出てくる。マメ科作物の害虫として知られるアオクサカメムシは、六月の観察例では、交尾後八日目から産卵をはじめ、全体淡緑色の卵は、二日目には淡黄色に変化し、次第に濃くなり三日目には幼虫の複眼が赤い円形の斑紋（眼点）として明瞭になり、五日目あたりからはふ化が始まる。そして六日目までにはほとんどがふ化し、一齢幼虫となる。幼虫はふ化が始まると上体を反り返させて背中でふたを押し上げ、今度は前に体を起こし脚を使って殻からはい出る c。

　ふ化が始まってから幼虫がふ化を完了するまではおよそ三〇分、見飽きることがないドラマである。くさくて嫌われ者のカメムシもじっくり観察してみると、そのたくみな生活史を知ることができ、カメムシに対する愛着も生まれ理解が深まってくる。

b　ヤニサシガメの生活史

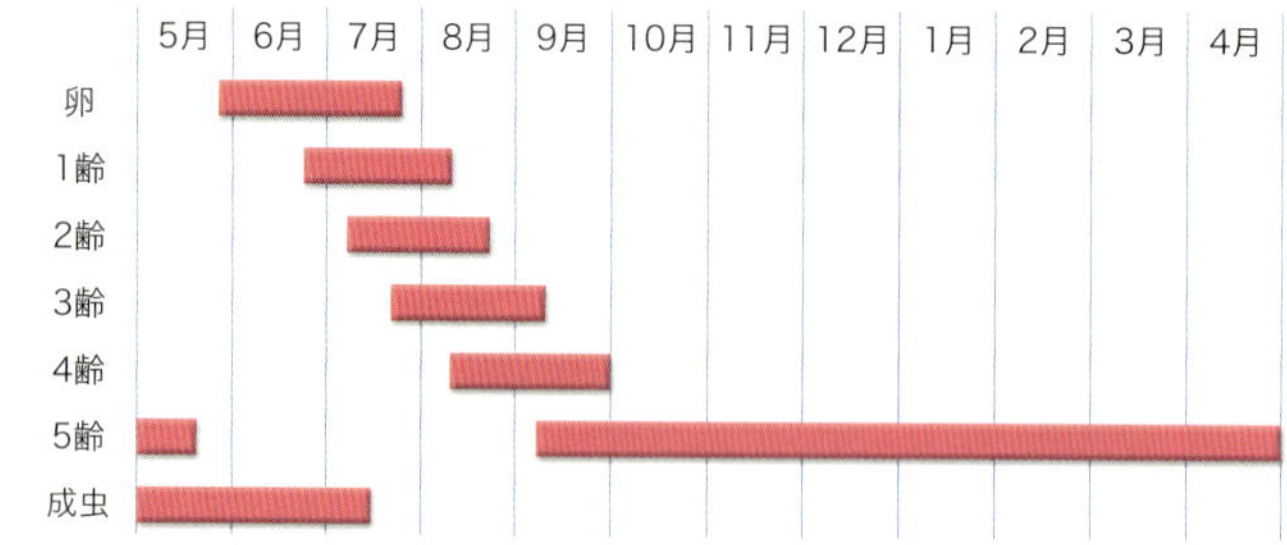

c　カメムシ（アオクサカメムシ）のふ化のようす（野澤，1968）

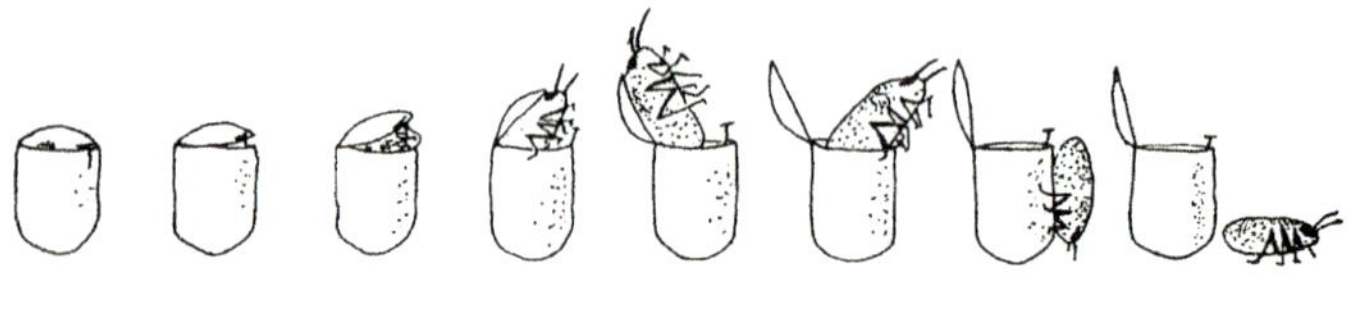

多彩なカメムシの生活史に学ぶ
――スギ花粉の多い年はカメムシが大発生？

自然界に目を移すと、カメムシの生活史は、多くのカメムシの生活の場である植物の生育状態やそれに影響をおよぼす気象条件などによっても変化する。

たとえば、「スギ花粉が多く花粉症が多発する年にはカメムシが大発生する」と言われることがある。スギ花粉症は、スギの花粉が飛散を始める二月から四月にかけて（ヒノキの花粉の飛散は四月から六月頃まで）その患者数は急増する。

では、スギ花粉の量とカメムシがなぜ関係しているのだろうか。ここで登場するのは果樹害虫としてのカメムシ（果樹カメムシとよばれるチャバネアオカメムシとクサギカメムシそして西日本に多いツヤアオカメムシなど）である。これらは果樹カメムシと言っても普段から果樹園に棲みついているのではなく、果樹園と山地などを移動しながら暮らしており、その生活史はよく似ている。

とくにスギ・ヒノキに関係が深いのは、体長一センチを少し超える前翅が茶褐色で光沢のある緑色をしたチャバネアオカメムシ⑩である。このカメムシは、四七科一一二種もの植物から養分を吸収することが報告されている典型的な広食性のカメムシでもある。

チャバネアオカメムシの生活史をみるとd、雑木林の落ち葉の下などで越冬した成虫は、春から初夏に活動をするため餌として樹木の実から養分を吸収しなくてはならない。そのためサクラやクワなどの植物などに移動する。

その後、スギやヒノキの実（球果）が

⑩ ヒノキに生活するチャバネアオカメムシ（8月中旬）

実ると、そちらに生活の場を求めて移り棲み、球果（正確には球果の中の種子、チャバネアオカメムシが最も好きなのは種子）から養分を吸収して交尾、産卵し六月下旬頃から新成虫が出現する。

スギやヒノキの林で球果を十分に吸ったカメムシは、十月ころになると越冬場所に身を隠し成虫で冬を越す。スギやヒノキの植栽面積は広大で、これらのカメムシにとっては餌を確保できる重要な増殖源になっている。

高温で日照時間の多い夏は、球果の成長を早めるだけでなく、チャバネアオカメムシの発育をも早め増殖率を高める。スギやヒノキの球果が豊作により十分な餌が確保されて多くの個体が発生した時は、翌年春、越冬から覚めた多くの個体による繁殖が盛んに行なわれ、新成虫が大発生することにつながる。

この時に、餌としての球果が十分に残っていれば問題はないのであるが、たくさんの個体により球果が吸い尽くされ餌不足が生じたりして、あふれた個体が果樹園に新しい餌場を探して移動することになるのである。台風などの影響で果樹園に飛ばされるものもいるという。

つまり、春先のチャバネアオカメムシの発生量は、越冬成虫が多いか少ないかによって左右されるのである。そして、スギやヒノキの球果をいつ頃吸い尽くすかが重要なのである。

このチャバネアオカメムシは、もう一つのすごい技ももっている。それは、くさいにおいの成分の中に、仲間を集める働きをもつ集合フェロモンという物質をもっていることである。成虫の密度が高

d チャバネアオカメムシの生活史の模式図（大平喜男，2001をもとに作成）

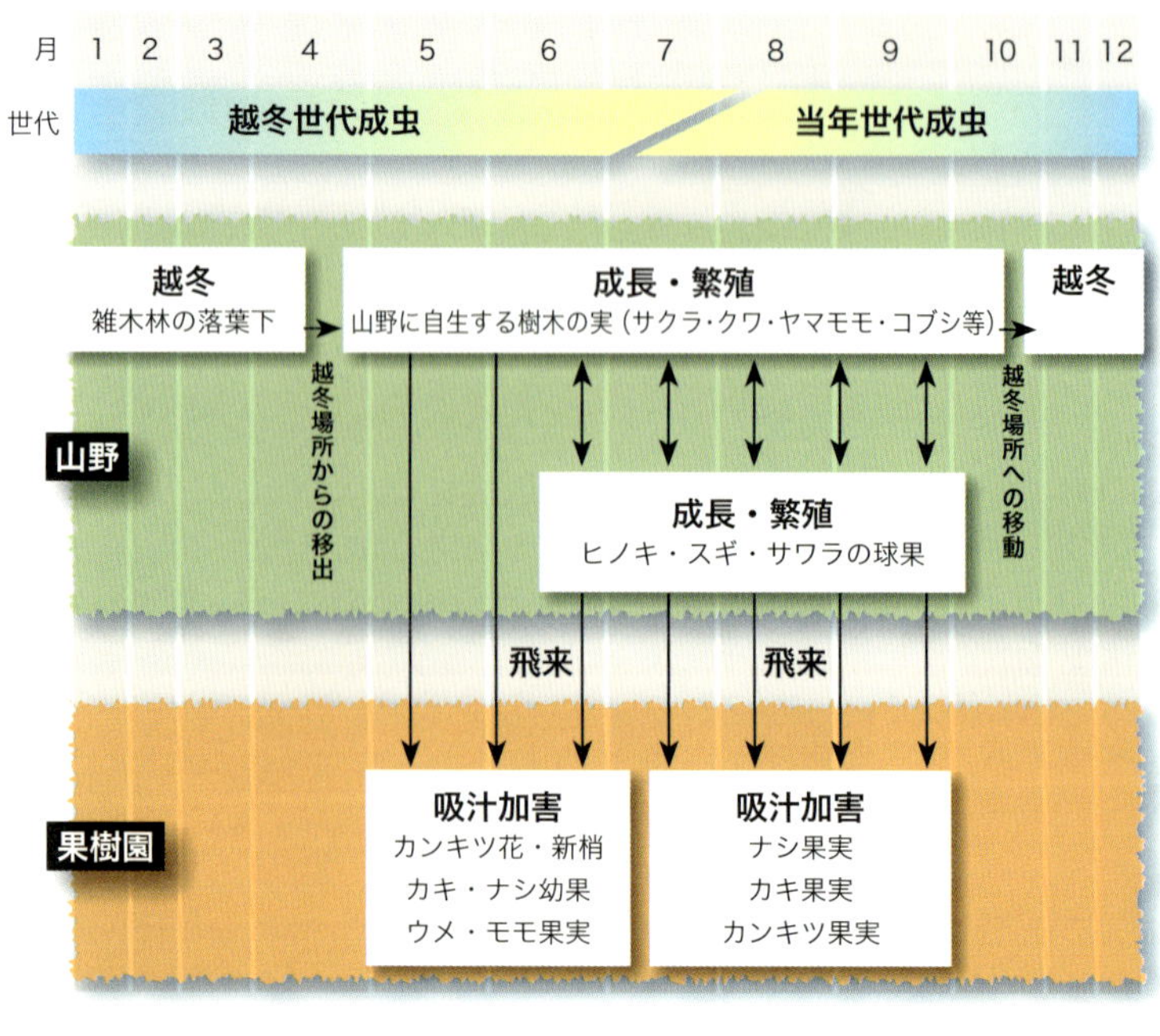

くなるにつれて放たれる集合フェロモンの量も多くなり、成虫の多いところにはさらに飛来する個体が集まり、おびただしい数のチャバネアオカメムシが果実に群がり吸害することになる。このため、カンキツ類、ナシ、カキなどの果樹の被害は甚大なものになってくるのである。

ところで、スギやヒノキの花粉を飛散させる花のもと（花芽）は、前年の七月頃に形成され、この時期に降雨量が少ないほど、日照時間が多く気温が高いほど花芽が多く作られると言われている。その結果、翌春には、たくさんの花がつき花粉の飛散量が多くなり、その年の夏には球果が豊作になるというわけである。

カメムシにとってスギやヒノキの球果が豊作であれば、安定的な繁殖環境となるために高い生息密度を保つことができるのである。スギやヒノキの花芽がたくさんつくられ、翌春の花粉が大量に飛散する年には、その年、餌となる球果がたくさん実り、果樹を好物とするカメムシがこれまた大発生することになるのである。

果樹を栽培している生産者が、毎年気象条件に一喜一憂し、果樹カメムシを相手に悪戦苦闘しながら店頭に並ぶ美しい果実を生産していることを知る消費者は少ないが、果樹カメムシと上手につきあい被害を減らすには、彼らが生活する多様な植物の生育状態や気象条件などにも注意を払いながら多彩な生活史を知ることがかかせないのである。

コラム

人間によって大害虫になった果樹カメムシ

農業上では、イネに大きな被害を及ぼしている斑点米カメムシと並んで大害虫となっている果樹カメムシであるが、彼らは昭和四十年頃までは、マイナーな存在だったと言われている。それが、今では大きな被害をもたらす大害虫になったのには、次のような要因もあった。

わが国では第二次世界大戦後、戦後復興などのために急増した木材需要を背景として進められた拡大造林（おもに広葉樹からなる天然林を伐採して針葉樹中心の人工林に転換すること）によって、昭和三十年代以降多くの山林がスギやヒノキを中心とした針葉樹林に生まれ変わった。ちょうど同じ頃、一九六一（昭和三十六）年に制定された旧農業基本法にもとづいて、それまでの稲作中心から果樹や野菜、畜産に重点をおいた農業生産の選択的拡大が図られるようになり、山地を切り拓くなどして果樹園の開園も相次いだのである。

つまり、昭和三十年代以降、果樹カメムシの増殖源となるスギやヒノキの林が急増するとともに、その近くには果樹園が広がるようになり、果樹カメムシが増殖・大発生する絶好の環境が整ったのである。こうした意味では、果樹カメムシは人間が大害虫にしたと言うこともできる。

農耕地での大発生はなぜ？ 防ぎ方は？

果樹カメムシや斑点米カメムシなどの大きな被害をおよぼしているカメムシであるが、彼らと上手につきあうためには、もう少し考えておかなければならいこともある。人間が切り拓いてきた畑や水田、果樹園、茶園などの農耕地は、人工的につくられた環境であり、そこに生育する栽培植物である農作物の種類は限られている。雑草も含めても野外の自然とくらべてみてもその植生は単純である。野外では、数十種から百種をはるかに超える植物の種類が複雑にかかわり合って繁茂しているが、畑や水田では、その種類は極めて少なく、単純な植生である⑪。水田や単作の畑に至っては雑草を除けば栽培される作物だけである。

⑪ 単純な植生のキャベツ畑とキャベツが大好物のカメムシ（ナガメ）

自然界では、多種多様な植物が生えていて、各々の植物に生活する昆虫はお互いに絡み合って生活している。植物を食べる昆虫、それを捕食する昆虫やクモ、そしてこれらの捕食者を餌とする鳥や哺乳類と言った具合に食物連鎖があり、食うものと食われるものの関係が複雑に関係しあって生態系をつくっている⑫。

こうした環境の違いから、農耕地では植物の種類が限定されており、しかも自然状態と異なり天敵が少ないために特定の昆虫が爆発的に発生を繰り返すことに

⑫ クモに捕えられたヒノキに生活するカメムシ（チャバネアオカメムシ）

なる。たとえば、アブラナ科植物を好むカメムシはキャベツ畑に行けば、マメ科植物を好むカメムシはダイズ畑に行けば、好物の食べものが一面に栽培されており、しかもその食べものは、作物として改良が重ねられて、肥料も施された栄養豊富なものである。

水田にはイネ科植物を好む数多くのウンカやヨコバイ、そして多くのカメムシが生息している。水田というイネ科の植物だけを栽培している環境で、天敵も結構いるものの、その種類や数が限定されることからウンカやヨコバイ、そして多くのイネ科植物を好むカメムシが大発生しやすいのである。

農耕地の生態系は、森林や草原の生態系とは異なるものの、生きもの同士がかかわりあいながら小さな生態系をつくっている。つまり、農耕地のような単純な植物相の環境では、植物に依存する昆虫などの生物相も単純になり、ある特定の昆虫が大発生しやすいのである。

農耕地でカメムシの被害を減らすには、その生態や生活史を理解し、適切な防除を適期に行なうことが基本である。たとえば、小さな畑では、カメムシはを見つけたら捕殺したり、作物を揺らして落下させて防除したり、防虫ネットや防虫袋で覆ったりすることも有効である。株もとの除草やマルチングなどの耕種的防除も有効である。また、カメムシは成虫で越冬するものが多いので、前述したように田畑周辺の雑草管理をこまめに行ない越冬場所となる環境をつくらないことも有効である。水田のカメムシも水田雑草や畦畔の雑草を中継しながらイネに飛来するので、雑草管理が大切になる。

広い田畑で防除の効率化を求めれば、化学農薬の散布（化学的防除）が必要になるが、発生予察をもとに適期に必要最小限の使用にとどめ、耕種的防除や生物的防除（天敵・フェロモン活用など）も組み合わせていくことが大切になる。

日本産の昆虫・カメムシの　コラム
種類はどのくらい？

昆虫は地球上でもっとも繁栄した動物で、その数は一〇〇万種を超えると言われているが、日本にはどのくらいの種類の昆虫が分布しているのだろうか。一九八九年に九州大学と日本野生生物研究センターが共同編集した「日本産昆虫総目録」によれば、二万九〇〇〇種がリストアップされている。

その後、今日まで研究が進み、次々に新たな種が記録されていることや、全国各地で昆虫相が市町村単位や限られた特定地域を対象に調べられ、次第にその解明度も高くなってきている。新しい資料や記録を整理すると現在、おそらく三万二〇〇〇種を超える種類が日本産昆虫として記録されているものと考えられている。このうち、日本産のカメムシ目に属する昆虫は、これまでにおよそ三二〇〇種が知られている。

地域の昆虫相、カメムシ相を調べる

　農耕地の生態系や地域の生態系の中で、カメムシと上手につきあっていくには、カメムシ以外の昆虫や小動物などにも目を向けていく必要がある。昆虫の種類が多いことはこれまで幾度か触れてきたが、私たちが住む日本には、新しい資料や記録を整理するとおそらく三万二〇〇〇種を超える種類が日本産昆虫として記録されているものと考えられる。このうち、日本産のカメムシ亜目に属する昆虫は、これまでにおよそ一二〇〇種を超える種が知られている。また、ウンカ、ヨコバイが属するヨコバイ亜目は、二〇〇〇種を超える種が明らかになっている。

　地域の昆虫・カメムシに目を向けると、たとえば埼玉県では一九七八年に埼玉県教育委員会によって刊行された『埼玉県動物誌』には一六目四二一九種の昆虫が取り上げられた。当時としては全国に先駆けたものとして評価された。このなかには二九科二三四種のカメムシ類がまとめられている。その二〇年後の一九九八年、埼玉昆虫談話会によって『埼玉県昆虫誌』（全四巻）が刊行され三〇目九一八〇種がまとめられ、三八科三六一種のカメムシ目（異翅目）が記録された。この間、埼玉県内の市町村誌（史）やダムに水没する地域の調査や特定地域の環境調査などが相次ぎ、県内の昆虫相が次第に明らかにされてきた。

　また、県内の環境調査にかかわって調べた当時のカメムシ目（異翅目）に限った記録をみると、寄居町（一九八一年）二二科一二四種、児玉町（現本庄市児玉町一九九三年）二九科一二九種、神泉村（現神川町 一九九九年）一五科九九種、小川町（二〇〇〇年）三〇科一八六種、そして嵐山町（二〇〇五年）三二科一六九種などとなっている。これまでに埼玉県に分布するカメムシ類の分布の状況を見ると、アメンボやコオイムシなどの水生カメムシは、およそ五〇種が、陸上に生活するカメムシは四〇〇種程が記録されている。

　地域の生きものを調べ、分布相を明らかにすることは、その時にどのような昆虫が生息していて、どのような種類構成をしていたのかを確かな記録として残す役割がある e。さらに、その五年後、一〇年後どのように地域の環境が変化し、生きものの様子がどのように変わっていくのかを知る上からも大切なことである。今ある自然環境の豊かさをできる限り未来に継承していくための根拠資料として意義がある。

近くの畑や田んぼ、自家菜園などで目につくカメムシを記録し、カメムシマップを作ることも興味深い f。そこに生える植物や農作物を書き入れた地図に、目にしたカメムシを調べて種名を書き込むなどするとよい。できれば図鑑などで見つけたカメムシの種を調べたり、飼育・観察したり、標本にしたりして記録を残すことは新たな発見につながる。

平地と山地、広葉樹の森や草原など植生の違いから、また河原や農耕地など環境の違いによるカメムシの生息分布などからたくさんの情報を得ることができる。フィールドはまさに学びの場であり、私たちが知らない小さな生きものたちの世界を教えてくれるのである。

長い間、カメムシを調べることにかかわってきたが、同じ環境でも季節を変えて調べてみたり、何年かにわたって継続的に調べてみたりすれば、地域のカメムシ相からその地域の自然環境を理解したり、生きもの同志のかかわりを知ることにもつながり、そこから上手なつきあい方の知恵や工夫も生まれてくる。

e 畑や山地でみられる主なカメムシ（埼玉県秩父地方の例）

畑でみられる主なカメムシ

マルカメムシ科	マルカメムシ
カメムシ科	クサギカメムシ　アオクサカメムシ　チャバネアオカメムシ　イチモンジカメムシ　ナガメ　ヒメナガメ　アカスジカメムシ　シラホシカメムシ　ブチヒゲカメムシ　ウズラカメムシ
ノコギリカメムシ科	ノコギリカメムシ
ホソヘリカメムシ科	ホソヘリカメムシ　クモヘリカメムシ
ヒメヘリカメムシ科	ブチヒメヘリカメムシ　アカヒメヘリカメムシ
ヘリカメムシ科	ホオズキヘリカメムシ　ハリカメムシ　ヒメハリカメムシ　ホソハリカメムシ　ホシハラビロヘリカメムシ　ハラビロヘリカメムシ　クモヘリカメムシ
ヒョウタンナガカメムシ科	コバネヒョウタンナガカメムシ　チャイロナガカメムシ
オオメナガカメムシ科	オオメナガカメムシ　ヒメオオメナガカメムシ
マダラナガカメムシ科	ヒメナガカメムシ
マキバサシガメ科	ハネナガマキバサシガメ　コバネマキバサシガメ
カスミカメムシ科	ブチヒゲクロカスミカメ　クロマルカスミカメ　ヒメセダカカスミカメ　マダラカスミカメ　テンサイカスミカメ
イトカメムシ科	ヒメイトカメムシ

山地に棲む主なカメムシ

カメムシ科	エゾアオカメムシ　スコットカメムシ　ナカボシカメムシ　ツノアオカメムシ　トホシカメムシ　アオクチブトカメムシ　シモフリクチブトカメムシ　オオクチブトカメムシ　ミヤマカメムシ　ウシカメムシ
クヌギカメムシ科	ナシカメムシ　ヨツモンカメムシ　ヘラクヌギカメムシ
ツノカメムシ科	オオツノカメムシ　ツノアカツノカメムシ　トゲツノカメムシ　ミヤマツノカメムシ　エゾツノカメムシ　エサキモンキツノカメムシ　ヒメツノカメムシ
サシガメ科	オオトビサシガメ　アカサシガメ　クロバアカサシガメ
マキバサシガメ科	ベニモンマキバサシガメ　アカマキバサシガメ　ハラビロマキバサシガメ　ハネナガマキバサシガメ　コバネマキバサシガメ
ホソヘリカメムシ科	ヒメクモヘリカメムシ
ヒラタカメムシ科	ヒメヒラタカメムシ　エサキヒラタカメムシ　オオヒラタカメムシ　アラゲヒラタカメムシ　マツコヒラタカメムシ
カスミカメムシ科	オオモンキカスミカメ　シロテンツヤカスミカメ　オオマダラカスミカメ　トビマダラカスミカメ　シマアオカスミカメ　クロマルカスミカメ　アカアシカスミカメ　アカスジオオカスミカメ

・チャモンナガカメムシ
・チャバネアオカメムシ
（クワ）
・クロマルカスミカメ
・ヒメナガカメムシ
・ブチヒゲクロカスミカメ
・ハナグロカスミカメ
（ヨモギ）
・ヘラクヌギカメムシ
・キアシクロカスミカメ
（コナラ・クヌギ）
・アカスジカメムシ
・ハナダカカメムシ
（ニンジン）
・エサキモンキツノカメムシ
（ミズキ）
・ノコギリカメムシ
（スイカ・カボチャ）
・マルカメムシ
・ハラビロヘリカメムシ
（クズ）
・シマサシガメ
・ハリカメムシ
（チガヤ）
・エビイロカメムシ
（ススキ）
・ナガメ
・ヒメナガメ
（キャベツ・ダイコン）
・キベリヒョウタンナガカメムシ
・フタモンホシカメムシ
（雑草根際・地面）
・ホオズキヘリカメムシ
（ナス）

f 地域のカメムシマップ——植生との関係を調べる

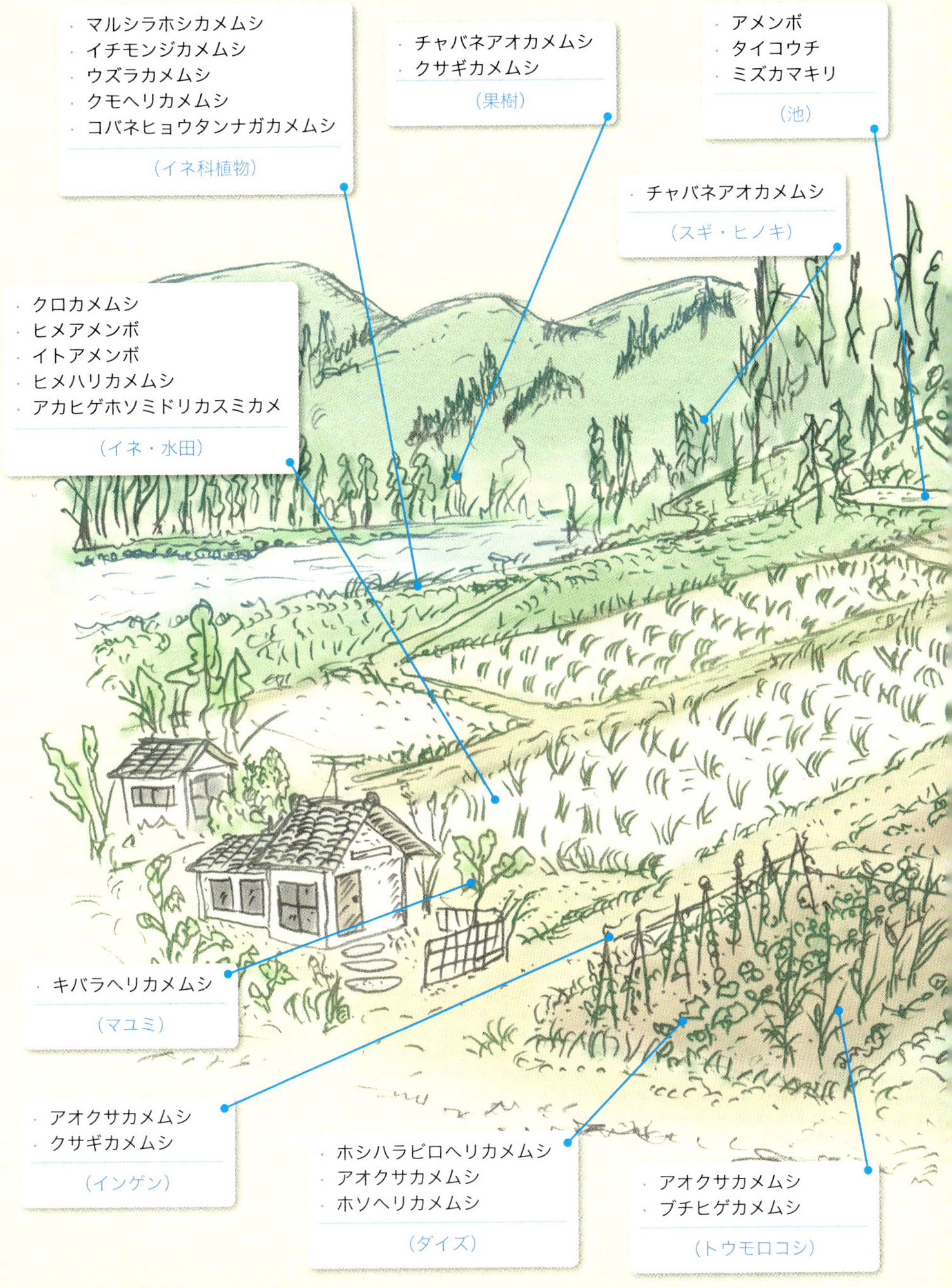

・マルシラホシカメムシ
・イチモンジカメムシ
・ウズラカメムシ
・クモヘリカメムシ
・コバネヒョウタンナガカメムシ
（イネ科植物）
・チャバネアオカメムシ
・クサギカメムシ
（果樹）
・アメンボ
・タイコウチ
・ミズカマキリ
（池）
・チャバネアオカメムシ
（スギ・ヒノキ）
・クロカメムシ
・ヒメアメンボ
・イトアメンボ
・ヒメハリカメムシ
・アカヒゲホソミドリカスミカメ
（イネ・水田）
・キバラヘリカメムシ
（マユミ）
・アオクサカメムシ
・クサギカメムシ
（インゲン）
・ホシハラビロヘリカメムシ
・アオクサカメムシ
・ホソヘリカメムシ
（ダイズ）
・アオクサカメムシ
・ブチヒゲカメムシ
（トウモロコシ）

おわりに

これまでのカメムシとのかかわりについて思うままに記してきたが、ベースになっている内容は、私が生まれ育った秩父地方でのフィールド体験が中心である。小学生時代から育まれた自然への探究心や自然との原体験は、学生時代、そして長い間の教職生活の中で大きな支えでもあった。振り返れば、カメムシとともに、そして自然とのかかわりの中で歩んできた生活であったと言っても過言ではない。

学生時代そして、社会人として教職生活に就いた頃から、県内外の多くの動物・植物を研究する仲間と知り会い、常に刺激を受けながら歩んできた。そしてカメムシとかかわる人生の中で、本書の出版は、「くさい虫」「嫌われ者」カメムシの変化にとんだ形態や生態、その暮らしぶりがこんなにも多彩でおもしろいということを紹介したかったのである。カメムシに少しでも光を当てたいという願いで筆をとったもので、カメムシへの感謝も込めてまとめたものである。

カメムシの興味深い生態や暮らしぶりについてはこれだけではない。カメムシの未知なる世界はまだまだ残されている。あらためてつきあいを深めていきたいものである。田んぼや畑、そして雑木林や草原が年々姿を変え、そして明らかに気候変動が起きている中で、さまざまな小さな生きものが今ある自然環境の中で大いに生命力と適応力を発揮し、私たち人間との共存を果たしていくことを願っている。小さな身近な生きもの（いのち）とともに歩みたいものである。
出版にあたって、農山村漁村文化協会編集局の和田正則さんはじめ編集・製作担当の皆さんには、終始適切なアドバイスをいただき書籍としての形にしていただいた。あらためて心から感謝を申し上げる。

二〇一六年三月

野澤雅美

参考図書

素木得一『基礎昆虫学』北隆館（一九六六）
古川晴男・長谷川仁・奥谷禎一『原色昆虫百科図鑑』集英社（一九六七）
朝比奈正二郎他監修『原色昆虫大図鑑　第3巻』北隆館（一九七〇）
安松京三・山崎輝男・内田俊郎・野村健一『応用昆虫学』朝倉書店（一九七〇）
石井象二郎『昆虫の生理活性物質』南江堂（一九七一）
伊藤嘉昭編『アメリカシロヒトリ』中公新書（一九七二）
川沢哲夫・川村満『カメムシ百種』全国農村教育協会（一九七五）
本田正次編『学研中高生図鑑　野草Ⅰ 双子葉類』学研（一九七五）
平嶋義宏監修『日本産昆虫総目録Ⅰ』（一九八九）
立川周二『日本産異翅半翅類の亜社会性』東京農業大学出版会（一九九一）
友国雅章編『日本原色カメムシ図鑑』全国農村教育協会（一九九三）
宮武頼夫・橋爪秀博『タガメのすべて』トンボ出版（一九九四）
盛口満『冬虫夏草を探しに行こう』日経サイエンス社（一九九六）
盛口満「冬虫夏草十七号」カメムシタケの宿主についての報告　日本冬虫夏草の会（一九九七）

埼玉昆虫談話会『埼玉県昆虫誌Ⅰ』（一九九八）
石井英美・崎尾均 他『樹に咲く花 離弁花〈1〉』山と渓谷社（二〇〇〇）
安永智秀・高井幹夫・川澤哲夫編『日本原色カメムシ図鑑第2巻』全国農村教育協会（二〇〇一）
「くらしと農業十五巻三号」カメムシ類の発生生態と防除 高知県農業改良普及協会（二〇〇一）
小林尚・立川周二『カメムシ上科の卵と幼虫 形態と生態』中央農業総合センター（二〇〇四）
盛口満『冬虫夏草の謎』どうぶつ社（二〇〇六）
石川忠・高井幹夫・安永智秀編『日本原色カメムシ図鑑 第3巻』全国農村教育協会（二〇一二）

著者略歴

野澤 雅美（のざわ　まさみ）

1950年埼玉県秩父郡皆野町に生まれる。1973年東京農業大学農学部農学科卒業。埼玉県立高等学校教諭・教頭・校長を歴任。埼玉県立自然史博物館（現自然の博物館）、埼玉県立農業教育センター、埼玉県立総合教育センターなどに勤務。
中学生の頃から50年余にわたってカメムシに関心をもち調査・研究を継続、日本昆虫学会、日本半翅類学会、日本セミの会、沖縄生物学会、埼玉昆虫談話会などで活動。

カメムシ
おもしろ生態と上手なつきあい方

2016年3月15日　第1刷発行

著　者　野澤 雅美

発行所　一般社団法人　農山漁村文化協会
郵便番号：107-8668　東京都港区赤坂7丁目6-1
電話：03（3585）1141（代表）　03（3585）1147（編集）
FAX：03（3585）3668　振替：00120-3-144478
URL：http:/www.ruralnet.or.jp/

ISBN978-4-540-15223-8
〈検印廃止〉

Printed in Japan

DTP制作　岡崎さゆり
印刷・製本　㈱シナノ
定価はカバーに表示
乱丁・落丁本はお取り替えいたします。

プランターで有機栽培

①土つくり・タネとり・苗つくり　1400円＋税
②種類別　野菜がよろこぶ育て方　1500円＋税
安藤康夫著

屋上やベランダで、畑をしのぐ収穫とおいしさ！台所からでる発酵食品や、野菜クズ・米ヌカをはじめ、収穫残渣、街路樹の落ち葉、自宅で飼育するウズラのふんまでも活用。微生物の力をとことん生かす驚きの菜園術。②では厳選した野菜31品目の品種や容器の選び方、設置場所、肥料やりなど、育て方のポイントが写真と図解で一目でわかる。

用土を変えずに連作できる

プランターの田畑リレー栽培

中島康甫著　1600円＋税

野菜の後に、水をためてイネやセリなどを栽培。湛水中に用土が再生され、毎年連作しても連作障害なし！　イネやセリの収穫後は、不耕起のまま野菜を作付けする超簡単エコ栽培。驚きのリレー栽培の基礎と11種の実際。

里庭ガーデニング

四季の生きものと暮らす庭つくり
神保賢一路・神保優子著　1500円＋税

里庭に暮らす生きものは100種類以上。カワセミやアオサギまで訪れる小さな池には、入れた覚えのないメダカまで泳ぐ。オニユリやマンリョウも鳥が落としていったもの。動植物を呼ぶ、果樹の生垣や草管理などの実際。

新版　家庭菜園の病気と害虫

見分け方と防ぎ方
米山伸吾・木村裕著　2600円＋税

豊富なカラー写真とイラストで病気・害虫を診断し、野菜別の年間発生時期の表と農薬表に合わせて的確に防除。さらに病原菌と害虫の生態や、種子消毒・土壌消毒の方法、農薬の安全使用など、防除に役立つ情報を満載。

庭木の病気と害虫

見分け方と防ぎ方
米山伸吾・木村裕著　2286円＋税

全85品目の庭木で発生する病気130（320）種、害虫170（350）種をカラー写真（イラスト）で掲載。病気・害虫別に発生生態を踏まえた防除のポイント、農薬の選び方を詳解。農薬に頼らない防除法も。

（価格は改定になることがあります）